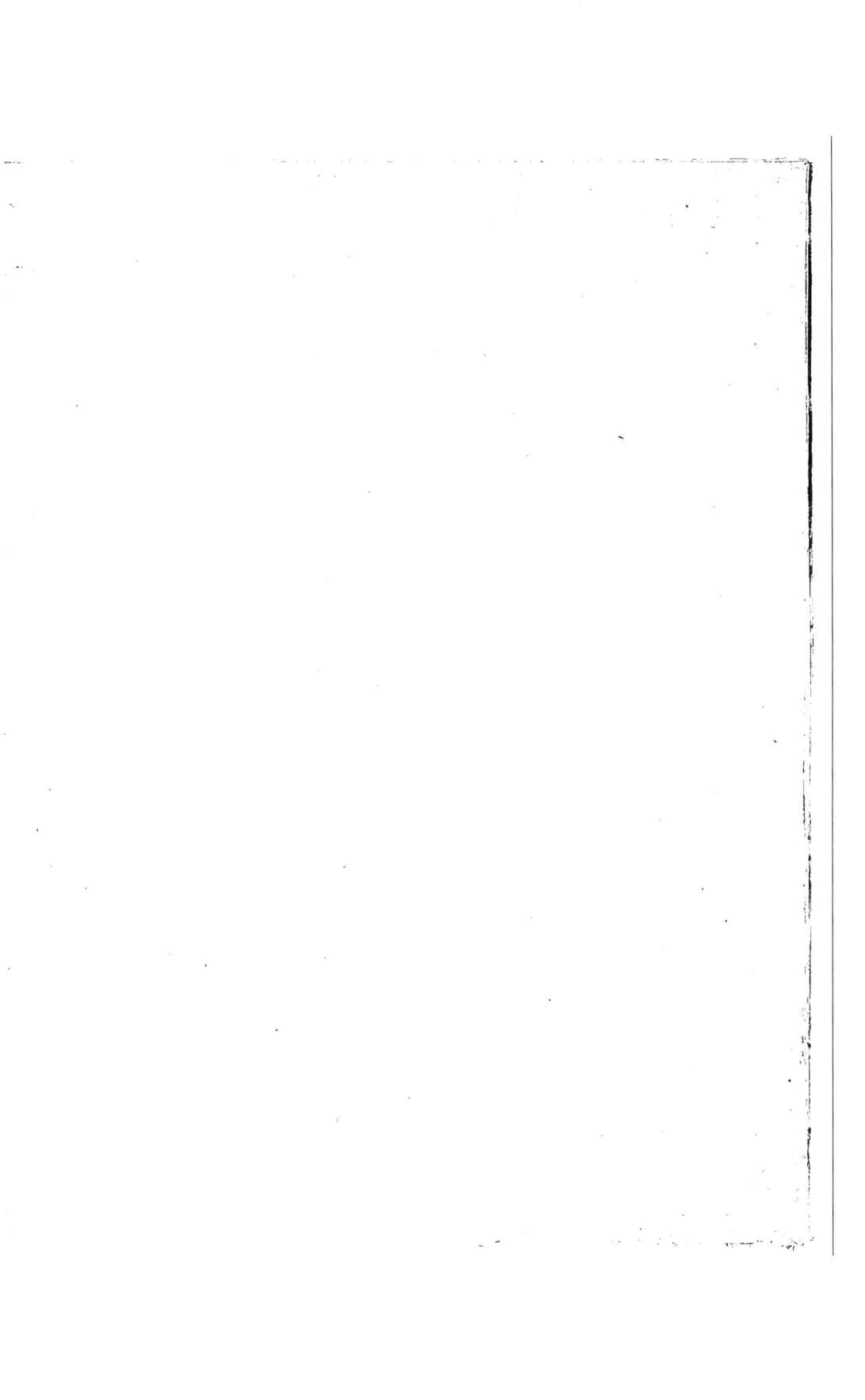

14165
nummzo12

MÉMOIRE

CONTRE

LE CHANGEMENT DU POINT DE DÉPART ET DU TRACÉ GÉNÉRAL

DU

CHEMIN DE FER

ENTRE BORDEAUX ET LA TESTE.

En s'accoutumant à jouer avec la propriété, on la
viole, et il en résulte des abus révoltants qui mécontent
l'opinion publique.

(Napoléon à Schœnbrünn.)

BORDEAUX,

IMPRIMERIE DE P. COUDERT, RUE PORTE-DIJEAUX, N.º 83.

1838.

MÉMOIRE

CONTRE

Le Changement du Point de départ et du Tracé général

DU

CHEMIN DE FER

ENTRE BORDEAUX ET LA TESTE.

A M. le Ministre du Commerce et des Travaux Publics,

A M. le Directeur général des Ponts et Chaussées,

A M.^{rs} les Membres du Conseil général des Ponts et Chaussées et des Mines.

MESSIEURS,

La question des voies de transport est d'abord une question de civilisation. Ouvrir des routes dans un pays, ce n'est pas seulement féconder la vente, multiplier les relations purement matérielles, rendre la demande plus énergique et plus active par l'abaissement des prix; c'est plus et mieux que cela : c'est élargir le théâtre où doit s'étendre la propagande des idées, où doivent s'exercer les devoirs de la fraternité humaine. Ouvrir des routes, c'est aider à l'établissement de cette unité morale qu'il faut considérer comme le dernier terme du progrès.

De cette manière d'envisager la création des voies de commu—

nication, il résulte évidemment que, dans la société actuelle, cette création devrait faire partie des attributions de l'autorité.

Une entreprise particulière ne voit, en effet, et ne saurait voir dans le percement d'une route que la quotité des dividendes qu'attend et que réclame la cupidité des concessionnaires. Qu'importe à une compagnie de capitalistes ou de banquiers la cause de la civilisation, qu'ils sont presque toujours inhabiles à comprendre, et que, dans tous les cas, ils n'ont pas reçu mission de régler ? Ce que l'intérêt privé cherche au bout de ses spéculations, c'est le remboursement des sommes avancées, le bénéfice en écus des plans tracés et des travaux mis à exécution. Le domaine, que l'intérêt privé embrasse dans ses espérances, ne s'étend pas au-delà des horizons bornés de son péage; or, la prospérité publique exige que les choses soient vues de plus haut; et un pareil rôle, l'autorité seule est en état de le remplir.

Je sais bien que le pouvoir ne saurait se charger de la création de toutes les voies de transport ; il est des lignes secondaires que l'on confie à des compagnies particulières, et qui n'intéressent que la prospérité d'une province ou d'un département. Eh bien ! qu'importent, dirons-nous encore, à une compagnie de banquiers ou de capitalistes la cause du commerce et de l'industrie, le respect de la loi, le respect des propriétés dans la localité qu'elle exploite ?

Une société particulière, je le répète, ne s'inquiète guère de ce qui se passe au-delà des limites marquées par le crayon de ses ingénieurs. Le voulût-elle, elle ne le pourrait pas, forcée qu'elle est de se renfermer dans ses réglemens, et de se conformer à l'invariable destination de ses capitaux.

Avant de savoir ce que le public doit gagner aux conditions offertes pour l'établissement d'un chemin, il serait convenable, dans certains cas, de se demander si le chemin est possible, aux conditions proposées, et si les espérances que l'entreprise fait concevoir n'ont rien de chimérique, rien de ruineux.

Qu'on me dise, par exemple, comment il est arrivé qu'à l'issue de l'adjudication, on demandait, à la Bourse, des actions du chemin de fer de La Teste, à 140 fr. et 130 fr. de prime, tandis que l'exécution de ce chemin présentait alors quelques difficultés ? Dans ces espérances de Bourse, que l'adjudication a poussées à une manifestation si énergique, ne sera-t-il point permis de reconnaître le doigt des hommes de finance ? et ne serai-je pas en droit de demander aux financiers qui prennent ainsi l'industrie sous leur tutelle, si c'est l'utilité d'un chemin, le mérite de son tracé, la valeur de ses produits probables qu'ils considèrent réellement lorsqu'ils s'en rendent adjudicataires, et s'ils n'y voient pas plutôt un prétexte à la création et à la mise en vente d'actions susceptibles d'être cotées au bulletin officiel ?

Que le pouvoir y songe bien : il attirerait sur sa tête une grave responsabilité en abandonnant de la sorte les destinées de l'industrie au flux et reflux des jeux de Bourse.

S'il en était malheureusement ainsi, ce ne seraient pas les banquiers qui exciteraient notre sollicitude (ceux là se trouvent toujours hors de l'édifice, quand l'édifice s'écroule); mais ce seraient les porteurs d'actions qui, au bout de quelques années, auraient à résoudre la question pour leur compte.

Ces considérations ressortent naturellement de la cause que je suis chargé de défendre auprès de vous, Messieurs ; elles vous permettront d'apprécier les faits sur lesquels j'invoque votre justice.

La loi sur l'expropriation pour cause d'utilité publique, depuis si long-temps sollicitée par l'esprit industriel, comme le seul moyen de réaliser tout ce que renferme d'utile et de généreux l'association, est une de ces sages conceptions qui marquent, de siècle en siècle, la marche de l'esprit humain, et qui commandent, par la seule autorité de leur influence morale sur la société, le respect et l'obéissance. Mais cette loi, comme toutes celles qui exercent une puissante action sur les intérêts généraux, n'a pu échapper, malgré la sagesse et les profondes discussions dont elle a été entourée, à l'inévitable abus d'exciter les ambitions personnelles; aussi n'a-t-elle posé que des principes dont elle a laissé le soin de l'application à l'administration supérieure qui, par une équitable appréciation du point en litige, corrigera cet abus, en empêchant que des intérêts privés n'usurpent les avantages qu'elle n'a voulu accorder qu'aux intérêts généraux.

C'est à cette économie de la loi que je recours, Messieurs, pour opposer un contre-poids modérateur aux prétentions exorbitantes de nos adversaires. Je vais raconter les faits :

En 1835, M. Godinet conçut le projet d'un chemin de fer au moyen duquel les transports entre Bordeaux et La Teste devaient s'opérer avec économie et une grande célérité. Il pensa que le poisson, les résines qui viennent de cette petite ville et de ses environs, seraient apportés à meilleur prix sur nos marchés, et que la population comme le commerce trouveraient de grands avantages dans cette amélioration.

Des études préparatoires furent donc faites par les soins de M. Godinet. D'après le projet, le tracé se rapprocherait beaucoup de la ligne suivie par la route royale : l'entrepreneur estimait la dépense à environ 1,800,000 fr. On demanda des études locales, et des preuves que le chemin ne coûterait pas plus cher en réalité. M. le directeur des ponts et chaussées suspendit son autorisation jusqu'à ce que les renseignemens demandés fussent complets.

En 1836, l'administration supérieure, après avoir procédé à l'examen sommaire du projet, décida qu'il y avait lieu de donner suite à ce projet. M. l'inspecteur-général Deschamps fit remarquer, avec raison, au conseil général des ponts et chaussées, que la nature des localités choisies par l'entrepreneur se prêtait merveilleusement à l'établissement d'un chemin de fer.

L'enquête prescrite par l'article 3 de la loi d'expropriation fut ouverte pour interroger le pays sur la question d'utilité publique. Cette lumière, prise en dehors de l'administration, placée à un point de vue différent sous quelque rapport, juste appréciatrice des besoins locaux, résuma les vœux du public, fit une sorte de triage des objections judicieuses ou erronées, et formula son avis, motivé tant sur le projet que sur les résultats de ses recherches.

On a mal défini, au sujet de l'affaire qui nous occupe, les véritables devoirs de la commission d'enquête, en prétendant qu'elle devait uniquement se prononcer sur l'utilité générale.

Commençons par rappeler l'esprit de la loi : « L'enquête administrative exigée par l'article 4, est destinée à constater l'utilité publique. » Or, l'utilité publique, ou, en d'autres termes, l'intérêt général, se compose des ramifications des intérêts locaux. C'est donc l'intérêt local dans ses rapports avec l'intérêt général qu'il faut interroger, et voilà pourquoi les commissaires sont choisis parmi les principaux propriétaires de terres, de bois, de mines, les négocians, les armateurs et les chefs d'établissemens industriels, qui se réunissent au chef-lieu du département. S'il ne s'agissait purement et simplement que de l'utilité publique, il eût suffi d'une commission centrale choisie parmi les hommes supposés les plus compétens.

L'enquête s'ouvre sur un avant-projet où l'on doit faire connaître le tracé général de la ligne des travaux, les dispositions principales des ouvrages les plus importans et l'appréciation sommaire des dépenses. « S'il s'agit d'un canal, d'un chemin de fer ou d'une canalisation de rivière, l'avant-projet sera nécessairement accompagné d'un nivellement en longueur et d'un certain nombre de profils transversaux. A l'avant-projet sera joint, dans tous les cas, un Mémoire descriptif indiquant le but de l'entreprise et les avantages qu'on peut s'en promettre ; on y annexera le tarif des droits dont le produit serait destiné à couvrir les frais des travaux projetés, si ces travaux devaient devenir la matière d'une concession. »

Ces prescriptions ont une importance qui n'est pas assez sentie ; elles renferment l'esprit le plus libéral de la loi, et pour être juste envers tout le monde, il faut dire qu'elles sont l'œuvre de l'administration qui les a consignées dans l'ordonnance réglementaire.

Vous n'ignorez pas, Messieurs, que l'intérêt d'une localité peut se trouver opposé à celui d'une autre localité : par exemple, l'exécution d'un chemin de fer peut déplacer la circulation, prendre la vie commerciale ou industrielle à un lieu pour la transporter à un autre. Or, il est certain que la localité sacrifiée, consultée sur la question d'intérêt public, niera l'utilité et répondra par un cri de détresse.

Il est donc dans le vœu de la loi de faire sortir de l'enquête, nette et précise, la pensée du pays ; vouloir étendre outre mesure leur compétence, s'immiscer dans les question d'art ou de haute administration, renoncer à suivre pas à pas le public dans ses observations, à formuler clairement un avis fondé sur des intérêts solides et non sur le prestige d'un système, c'est, de la part des commissions, manquer à l'importante mission qui leur est confiée, et, au lieu de prêter de la force aux justes réclamations, les laisser enfouies dans les cahiers et les abandonner aux désavantages d'une expression souvent faible et sans relief.

Ainsi, la commission d'enquête chargée d'apprécier l'avant-projet de M. Godinet, a pu, sans sortir du rôle de ses attributions, envisager ce travail sous plusieurs faces qui touchent aux plus hautes questions d'économie. Elle a discuté le mérite du tracé ; l'évaluation des produits et des dépenses. Elle a dit : En suivant telle ligne, on néglige tel centre isolé ; on rencontre tel nombre de chemins d'agriculture qui sont supprimés ; on déclare la guerre à des propriétés immenses et précieuses qui sont dévastées. Ici, on augmente les difficultés de la culture ; là, on vivifie des terres stériles. Si l'on place le point de départ dans tel quartier, on apporte une véritable perturbation dans les habitudes et dans le commerce de la ville. Si on le porte dans tel autre, on accélère au contraire les développemens de sa prospérité.

Et, partant de cette base, la commission après avoir constaté l'utilité générale de l'entreprise, a approuvé la direction du tracé sur la ligne du Peugue, à travers des terrains d'un médiocre rapport, pour que le chemin de fer parcourût une contrée privée jusqu'à ce jour de voies de communication; la commission a préféré voir le point de départ à l'extrémité occidentale de la rue Le Coq, plutôt qu'aux Champs-Elysées, parce que le premier point est le plus central et le plus commode de Bordeaux. Elle a très-bien compris, la commission, qu'user sans nécessité de la loi d'expropriation, c'est rendre son exécution plus difficile; ouvrir une voie trop large à un besoin sans évidence, c'est manquer aux plus simples notions de la science économique; s'armer du droit d'expropriation sans égard pour la nature et la position des propriétés, c'est abuser de la loi.

Une fois les opérations de l'enquête terminées, M. l'ingénieur en chef de la Gironde demanda que l'auteur du projet du chemin de fer de Bordeaux à La Teste fût invité à procéder à la vérification de ses études, afin de présenter un travail plus correct.

L'ingénieur de la compagnie lui remit plus tard un nouveau profil de nivellement en long du tracé.

Le conseil général de la Gironde allait se réunir : on voulait soumettre à son vote le projet du chemin de fer, pour pouvoir le présenter aux Chambres dans la session de 1836; le temps pressait : le travail des vérifications eût exigé pour être fait avec soin et d'*une manière complète*, un temps très-long qui aurait probablement retardé d'une année la sanction du pouvoir législatif, qu'une partie de la population bordelaise attendait avec impatience.

Dans ces circonstances, M. l'ingénieur en chef, considérant qu'il ne s'agissait que d'un *avant-projet* destiné à subir des modifications plus ou moins notables, se décida à transmettre à M. le préfet toutes les pièces de l'affaire ; mais sans viser ni certifier aucun plan, aucun profil, et en ayant soin, au contraire, de joindre au dossier toutes les pièces qui devaient mettre en défiance contre l'exactitude des nouveaux nivellemens qu'il n'avait pu vérifier.

Il déclarait, en outre, que la pente de 0,003 m. était impossible à conserver en suivant le tracé indiqué sur le plan ; que cette pente serait au moins de 0,005 m., et qu'il devait laisser à l'administration le soin de prononcer sur les conséquences d'un tel changement.

Le conseil général des ponts et chaussées, auquel toutes les pièces de l'affaire ont été soumises, ne s'est point mépris sur la valeur réelle des plans présentés : on peut consulter à ce sujet l'opinion émise par le rapporteur de cette honorable assemblée ; la commission annonçait que, d'après les observations des ingénieurs de la Gironde, on devait mettre en doute l'exactitude des nivellemens du projet.

Le conseil des ponts et chaussées et l'administration supérieure ont jugé sans doute que les erreurs qui pouvaient exister dans l'avant-projet n'étaient point un motif suffisant pour retarder son adoption, en principe, car le cahier des charges a été dressé sans tenir aucun compte des observations de M. Billaudel, relativement à la pente de 0,005587 m. qui a été reduite à 0,0035 m., ce qui était indiquer implicitement que le tracé serait, non pas changé, mais légalement modifié, ou que l'on imposerait au concessionnaire l'obligation de faire des remblais considérables dans les marais de l'Archevêché.

M. Godinet proposa de construire le chemin de fer de La Teste par voie de concession directe ; l'autorité supérieure a pensé qu'il était préférable d'ouvrir un concours public : nous devons nous en réjouir, car dans le système des adjudications, l'arbitraire a beaucoup moins de marge et le contrôle de l'opinion publique est une garantie contre les caprices et les iniquités du favoritisme. L'administration est tenue de se décider en faveur de la compagnie qui offre les conditions les moins onéreuses ; les considérations de personnes disparaissent, et c'est dans les clauses mêmes du cahier des charges mis en présence qu'il faut chercher le dénoûment de la lutte.

Le système des adjudications est donc bien plus conforme que celui des concessions directes à l'esprit d'un gouvernement représentatif. S'il ne procure pas toujours tous les avantages qu'il semble promettre ; s'il arrive souvent que ceux qui sont appelés à prendre part au combat s'entendent pour ne pas se nuire les uns aux autres, ces inconvénients sont loin d'être aussi graves que ceux qui se rapportent au mode des concessions directes ; car, après tout, l'adjudication amène souvent des rabais considérables.

Dans le régime des compagnies exécutantes, nous ne connaissons que deux sortes de garanties réelles : celles qui résultent du cautionnement et celles qui se trouvent stipulées dans le cahier des charges.

Eh bien ! le gouvernement doit tenir la main à ce que les clauses du cahier des charges soient rigoureusement exécutées. Si, par exemple, dans l'affaire du chemin de fer de la Teste, l'administration faiblit, si la loi est violée, le monopole est substitué à la concurrence. Quelques compagnies privilégiées, fortes de ce précédent scandaleux, comptant à leur tour sur l'indulgence et la protection du gouvernement, écarteront tous leurs rivaux et joueront à coup sûr !

2

Dans la session de 1837, un projet de loi, tendant à autoriser l'etablissement d'un chemin de fer de Bordeaux à La Teste, fut présenté aux Chambres par M. le ministre du commerce et des travaux publics. Le loi, votée sans discussion, fut sanctionnée, le 17 Juillet, par le Roi :

En voici le texte :

« ART. 1.er Le ministre des travaux publics, de l'agriculture et du commerce, est autorisé à procéder, par la voie de la publicité et de la concurrence, à la concession du chemin de fer de Bordeaux à La Teste, département de la Gironde, conformément aux clauses et conditions du cahier des charges annexé à la présente loi, l'art. 44 de ce cahier des charges excepté, et sauf les modifications exprimées en l'art. 2 de la présente loi.

» ART. 2. La contribution foncière sera établie en raison de la surface des terrains occupés par le chemin de fer et par ses dépendances ; la cote en sera calculée comme pour les canaux, conformément à la loi du 25 Avril 1803.

» Les bâtimens et magasins dépendant de l'exploitation du chemin de fer seront assimilés aux propriétés bâties dans la localité.

» L'impôt dû au Trésor sur le prix des places ne sera prélevé que sur la partie du tarif correspondant au prix de transport des voyageurs.

» ART. 3. La durée de la concession n'excèdera pas quatre-vingt-dix-neuf ans; le rabais de l'adjudication portera sur cette durée.

» ART. 4. A l'expiration des trente premières années de la concession, et après chaque période de quinze années à dater de cette expiration, le tarif pourra être révisé ; et si, à chacune de ces époques, il est reconnu que le dividende moyen des quinze dernières années a excédé dix pour cent du capital primitif de l'action, le tarif sera réduit dans la proportion de l'excédant.

» ART. 5. Des réglemens d'administration publique, rendus après que le concessionnaire aura été entendu, détermineront les me-

sures et les dispositions nécessaires pour assurer la police, la sû-
reté, l'usage et la conservation du chemin de fer et des ouvrages
qui en dépendent. Toutes les dépenses qu'entraînera l'exécution
de ces mesures et de ces dispositions resteront à la charge du
concessionnaire.

» Le concessionnaire est autorisé à faire, sous l'approbation de
l'administration, les réglemens qu'il jugera utiles pour le service
et l'exploitation du chemin de fer. »

Un mois après, M. le préfet du département de la Gironde
prévint le public que, le 26 Octobre prochain, à deux heures de
l'après-midi, il serait procédé par lui, en conseil de préfecture,
assisté de M. l'ingénieur des ponts et chaussée, à l'ouverture des
soumissions qui seraient faites pour la construction d'un chemin
de fer de Bordeaux à La Teste.

« Toute soumission pour être valable devra, disait l'avis du
préfet : 1.º être conforme au modèle annexé au cahier des charges ; 2.º être accompagnée d'un récépissé de la caisse des dépôts
et consignations, (représentée à Bordeaux par M. le receveur-
général des finances,) constatant le dépôt du cautionnement exigé
pour garantie de la soumission.

» La durée de la concession n'excèdera pas 99 ans. Le rabais
des concurrens portera sur cette durée : le nombre d'années,
mois et jours dont le rabais se composera, sera exprimé en
toutes lettres.

» Si deux ou plusieurs soumissions renferment *l'offre* d'un
même rabais, un nouveau concours sera ouvert immédiatement,
et séance tenante, entre les signataires de ces soumissions. »

Le modèle de soumission est ainsi conçu :

« Je soussigné

» *Après avoir pris connaissance* de la loi du 17 Juillet 1837,
qui autorise l'établissement d'un chemin de fer de Bordeaux à **La**

Teste et du cahier des charges annexé à cette loi, *m'engage à exécuter le chemin à mes frais, risques et périls, et me conformer à
toutes les clauses et conditions* exprimées à ladite loi et audit
cahier des charges, et consens, en outre, que le *maximum* de
la durée de la concession, fixée à 99 ans, soit réduit, etc. »

Plusieurs compagnies se trouvèrent en présence ; MM. Mestrézat et Vergès, déjà célèbres par les tripotages auxquels a
donné lieu l'affaire du pont de Cubzac, figuraient au premier
rang.

M. Deschamps fils affirme que *tous* les concurrens qui ont
pris part à cette adjudication, mettaient en doute l'exactitude des
nivellemens du projet, et que MM. Mestrézat et Vergès devaient
particulièrement savoir très-bien à quoi s'en tenir à cet égard.
Cependant aucun d'eux, en présence du cahier des charges, n'a
reculé devant l'exécution du chemin de fer ; *tous* espéraient
proposer, en cours d'exécution et aux termes de la loi, des modifications utiles, *sans s'écarter du tracé général*, ou acceptaient
l'obligation de faire des remblais considérables au départ.

MM. Mestrézat et Vergès se présentaient *seuls* avec la pensée
bien coupable, selon moi, de changer la direction du tracé. M.
Vergès, en effet, avait fait, avant l'adjudication, des études sur les
communes de Pessac et de Talence. M. Vergès offrait un rabais
de 65 ans sur le *maximum* de la durée du péage, tandis que ses
concurrens qui ont pris le cahier des charges au sérieux, n'ont
osé souscrire que des rabais compris entre 51 et 19 ans.

Je vous prie, Messieurs, d'apprécier convenablement cette
tactique, car toute la moralité de l'affaire est là !

M. Vergès représente ici quelques illustrations financières de
Bordeaux ; on a dit de lui que c'était un ingénieur à petites vues,
et un *grand marchand de plans*. Ne serait-il pas bientôt temps de
savoir au juste ce que l'industrie peut gagner à subir ainsi le
joug du haut comptoir ? Lorsqu'un homme de finance s'engage dans
une entreprise de chemin de fer, s'imagine-t-on qu'il y porte un

bien ardent désir de voir la fin de l'entreprise ? Son intervention est-elle de nature à imprimer aux travaux une direction meilleure ? Peut-on y voir la preuve que le plan a été conçu suivant les données les plus exactes de la science et qu'il sera sagement exécuté ? Qu'apportent les banquiers dans ces sortes d'entreprises ? Comme M. Séguin le disait spirituellement dans une récente brochure, ils y apportent une énorme caisse vide qu'ils présentent au public en lui criant de venir la remplir. Là se borne leur rôle, et quand le capital nécessaire est souscrit, en quoi consiste leur influence ? l'autorité de leur réputation financière facilite la transmission des actions : voilà tout.

Quoi qu'il en soit, M.M. Vergès et C.ᵉ ont été déclarés concessionnaires du chemin de fer de La Teste.

A peine l'adjudication leur a-t-elle été acquise qu'ils ont commencé à faire des démarches auprès de l'administration pour obtenir le changement de la ligne. A peine s'étaient-ils engagés de la manière la plus explicite et la plus formelle, vis-à-vis du gouvernement, vis-à-vis de la loi, vis-à-vis du public, qu'ils ont demandé à rompre leurs engagemens. Et ne croyez pas qu'ils aient procédé avec lenteur et prudence, comme des gens qui sentent le poids de leur responsabilité. Le gouvernement n'a point voulu les délier : il ne le pouvait pas. Eh bien ! tandis que l'ingénieur des ponts et chaussées ordonnait la vérification du projet primitif, ils dressaient, eux, d'autres projets et d'autres plans ; ils exécutaient ouvertement des travaux préparatoires ; ils jalonnaient sur des terrains qui ne sont pas désignés par la loi.

Enfin le travail de M. l'ingénieur en chef terminé, la compagnie concessionnaire a proclamé bien haut que les nivellemens de M. Godinet étaient faux qu'une erreur de 10 m. 69 cent. sur une longueur de 7,000 m., au départ de Bordeaux, rendait *impossible* l'exécution du premier tracé.

Déjà l'un des concessionnaires avait dit que la compagnie ne plaindrait pas 50,000 écus pour changer le point de départ ; déjà l'on parlait d'effectuer ce changement au mépris des prescrits de la loi du 17 Juillet 1837 ; déjà l'on annonçait l'intention de porter les entrepôts et les magasins à la barrière de Pessac.

En présence de ces dispositions malveillantes, une partie de la population bordelaise s'émut justement. Une protestation fut rédigée à la hâte et couverte de signatures. Cette pièce devait être remise à M. Legrand pendant son séjour à Bordeaux ; mais le départ de M. le directeur-général fut si précipité que les cinq cents signataires décidèrent d'en adresser deux exemplaires, l'un à M. le ministre des travaux publics, l'autre aux membres du conseil général des ponts et chaussées.

Cinq cents signatures, recueillies dans deux jours, méritaient d'attirer l'attention et la confiance du gouvernement ; on remarquait, en effet, au bas de la protestation, les noms honorables d'industriels, de propriétaires, de négocians, d'officiers supérieurs de la garde nationale, de plusieurs membres de la Cour royale et du barreau.

Que disaient les auteurs de la protestation ?

Que la loi du 17 Juillet 1837, qui autorise l'établissement du chemin de fer, serait violée par le changement du point de départ ; que ce changement serait funeste aux intérêts de Bordeaux, au commerce et aux voyageurs ; que les obstacles suscités à la confection du chemin de fer par les propriétaires des précieux vignobles qui sont sur la ligne de Pessac et par les actionnaires de l'entreprise, si le point de départ venait à être changé, provoqueraient un ajournement indéfini.

Les concessionnaires qui jusque-là s'étaient abstenus de toutes polémique avec les journaux, rompirent le silence par l'organe de M. Mestrézat, président du conseil d'administration de la compagnie du chemin de fer.

« Il devient nécessaire, disait M. Mestrézat, d'éclairer l'opinion publique qu'on s'est plu à égarer.

» Nous croyons devoir déclarer :

» Que la compagnie s'est conformée à la loi, et que le point de départ est toujours placé à la rue du Coq. »

» Quelque surabondans que puissent être des détails , ajoutait-il, après une déclaration aussi explicite, il ne peut pas être inutile de calmer l'impatience qu'on a pu faire naître dans le public, en le rassurant sur la bonne et prompte exécution des travaux qui, loin d'être abandonnés , sont poursuivis avec la plus grande activité. Il doit comprendre que les intérêts de la compagnie sont parfaitement d'accord avec les siens, alors qu'il s'agit de se rapprocher du centre de la population (la rue du Coq) ; comme aussi il ne doit pas être étonné que, par de sages prévisions d'économie, on porte ailleurs que dans le cœur de la ville des chantiers qui exigent un grand développement de terrain pour y établir les dépôts de matériaux et magasins provisoires. Le cahier des charges a laissé au concessionnaire une latitude complète à ce sujet, et personne ne songera sans doute à lui disputer le droit d'adopter des dispositions qu'il jugera les plus convenables pour l'exécution des travaux dont il s'est chargé. »

Le public ne se laissa pas prendre à ce langage hypocrite et mensonger. Il savait que, malgré les dénégations mielleuses de M. Mestrézat, la compagnie était décidée à violer la loi, en s'affranchissant de la direction du tracé général. L'établissement de dépôts et de magasins provisoires à la barrière de Pessac était une indication certaine de la direction de la ligne sur Talence et Pessac. Ainsi , l'avant-projet qui avait servi de base au cahier des charges était entièrement abandonné. — Le départ resterait fixé à la rue Le Coq ; mais disait-on que la rue du Coq serait un lieu de chargement et de déchargement; que les établissemens *définitifs* aux points de départ et d'arrivée, dont parle l'article 45 du cahier des charges, seraient construits à l'extrémité occidentale de cette rue du Coq?

Bien au contraire ; la Compagnie criait à qui voulait l'entendre :

Nous donnerions 50,000 écus pour changer le point de départ ;
la loi nous oblige d'arriver à la rue du Coq, nous y viendrons ;
mais ce point de départ, élevé de 70 pieds, ne sera que factice et
dérisoire; les marchandises et les voyageurs ne graviraient point
une hauteur de 70 pieds ; le véritable point de départ partira de
la barrière de Pessac.

Ainsi, M. Mestrézat rendait forcément hommage à la vérité, en
reconnaissant que les intérêts de la population désignaient la rue
du Coq comme le point de départ le plus central. Il trompait
sciemment le public, en assurant que les concessionnaires se
conformeraient à la loi et ne choisiraient pas d'autre point de
départ ; il trompait le public quand il affirmait que les travaux se
poursuivaient avec la plus grande activité. Les travaux ne sont
pas encore commencés ; l'administration supérieure n'a pas approuvé le tracé définitif; les tribunaux n'ont pas prononcé l'expropriation.

Le 31 Août 1837, M. l'inspecteur-général, chargé par intérim des fonctions de M. Legrand, écrivit aux auteurs de la
protestation :

« Messieurs, vous avez adressé, le 20 de ce mois, à M. le
ministre des travaux publics, de l'agriculture et du commerce,
qui me l'a renvoyée, une protestation contre le changement
que, par son projet de tracé définitif, la compagnie concessionnaire du chemin de fer de Bordeaux à La Teste propose d'introduire dans le point de départ de votre ville.

» Cette affaire, Messieurs, a déjà fixé d'une manière toute
spéciale l'attention de l'administration supérieure, et c'est précisément pour mettre tous les intérêts à même de se produire,
qu'elle a ordonné une enquête sur le tracé proposé par la Compagnie : vous pouvez être assurés qu'aucune décision ne sera
prise qu'en pleine connaissance de cause, et après avoir recueilli
tous les renseignemens nécessaires. »

La lettre de l'inspecteur-général, chargé par intérim des fonctions de M. Legrand , nous donna la mesure des assertions de la compagnie concessionnaire, qui prétendait obéir à la loi, en se contentant de laisser le point de départ à la rue du Coq. Il n'avait pas été aussi facile d'abuser l'administration que le public bordelais. Cette affaire avait déjà fixé d'une manière toute spéciale l'attention de l'autorité supérieure. M. Legrand savait particulièrement que la compagnie *proposait le changement* de ce point de départ.

Mais les auteurs de la protestation craignirent que M. l'inspecteur-général ne se fût mépris sur le véritable sens de cette pièce. Ce fonctionnaire , en effet , promettait une enquête sur le tracé proposé par la compagnie ; mais quelles seraient la nature et les formes de cette enquête ? Entendait-il parler seulement de l'enquête de *commodo* et *incommodo* qui nous était déjà assurée par le titre II de la loi sur l'expropriation ? S'agissait-il d'une enquête administrative ? Dans le premier cas, notre réclamation était considérée comme non avenue; dans le second, il fallait recourir à une nouvelle loi et à une nouvelle adjudication.

Les instructions qui furent adressées , dans cet intervalle, à M. le préfet de la Gironde, ne nous laissèrent plus de doute sur les intentions manifestées dans la lettre de M. l'inspecteur-général; l'affaire suivait son cours, et l'administration n'était pas d'avis de la faire rétrograder. On passait aux mesures d'administration relatives à l'expropriation.

La loi ou l'ordonnance qui déclare l'utilité publique d'un travail autorise implicitement , nous le savons, toutes les expropriations *nécessaires* pour la complète exécution de ce travail. C'est ce que M. Legrand , commissaire du Roi, fit remarquer à la Chambre des pairs, lors de la discussion de la loi du 7 Juillet 1833 : « Il faut qu'il soit bien reconnu que lorsqu'une loi ou or-
» donnance aura autorisé l'ouverture d'une route, l'établisse-
» ment d'un canal , tous les travaux dépendant de cette route ou
» de ce canal , sont par là même autorisés implicitement , et que
» des déclarations partielles d'utilité publique ne sont pas exi-

3

» gées. » (*Moniteur*, 5 Mai, page 1248). Toutefois, dirons-
nous avec M. de Lalleau, dont l'opinion n'est pas suspecte en
pareille matière : si on voulait ultérieurement y faire des améliorations, il faudrait que ces améliorations fussent autorisées par
une nouvelle loi ou par une ordonnance. — *La ligne des travaux a des points obligés*, suivant MM. d'Argout et Legrand, *que
personne ne saurait changer sans créer des inconvéniens qu'on a
voulu éviter*. Or, les points de départ et d'arrivée, les points formellement indiqués par la loi sont des *points obligés*. Nous avons
eu raison de soutenir que la commission de l'enquête de *commodo*
et *incommodo*, qui donne son avis sur de simples modifications,
de légères déviations et des convenances accidentelles, n'avait pas
le droit de se prononcer sur le changement du point de départ
et du tracé général du chemin de fer entre Bordeaux et La
Teste.

Quoi qu'il en soit, un arrêté préfectoral, en date du 1.er Septembre 1838, accompagnant les plans parcellaires des propriétés dans les communes de Bordeaux, de Talence et de Pessac,
avertit les propriétaires de prendre connaissance de ces opérations.

Le texte de cet arrêté est conçu en ces termes :

« Vu la loi du 17 Juillet 1837 qui autorise la construction
» d'un chemin de fer de Bordeaux à La Teste ;

» Vu le plan indiquant la direction de la partie de ce chemin
» comprise entre Bordeaux et la limite ouest de la commune de
» Pessac;

» Vu deux lettres de M. le directeur-général des ponts et
chaussées;

» Vu le texte 1.er de la loi du 7 Juillet 1833 ;

» Attendu que la loi du 17 Juillet 1837 n'indique pas toutes
» les localités que doit suivre ce chemin, et qu'il y a lieu de sup—
» pléer au silence qu'elle a gardé à cet égard ;

» ARRÊTE :

» Art. 1.er Le chemin de fer de Bordeaux à La Teste, confor-
» mément au plan présenté par le concessionnaire pour la partie
» comprise entre la première de ces villes et l'extrémité ouest
» de la commune de Pessac, sera dirigé, à partir de la rue du
» Coq à Bordeaux, sur le territoire de cette commune, sur la
» partie nord de celle de Talence et sur celle de Pessac, en
» passant au sud du bourg de cette commune et du village de
» Monteil.

» Art. 2. Expédition du présent arrêté sera adressée à MM.
» les maires des communes plus haut indiquées, pour qu'ils le fas-
» sent publier dans la forme prescrite.

» Fait à....

» Pour le préfet empêché :
» *Le secrétaire-général,* CONTENCIN. »

Cet arrêté est un véritable monument d'incapacité ou de mau-
vaise foi administrative ; aussi a-t-il été victorieusement attaqué
par mes cliens et très-mal défendu par les amis de la compagnie
concessionnaire.

Avant de déterminer les propriétés dont l'exécution des travaux
nécessitera l'acquisition, il faut fixer invariablement la direction
de ces travaux, et, pour cela, indiquer les communes ou localités
sur lesquelles ils devront avoir lieu. Cette désignation, quoi qu'en
dise M. Contencin, se rencontre dans la loi du 17 Juillet 1837.
« Le chemin de fer, d'après l'article 2 du cahier des charges, partira de l'extrémité occidentale de la rue du Coq, qui débouche sur
le cours d'Albret à Bordeaux, traversera les marais de l'Archevêché, passera à droite de la Croix-d'Hins, et arrivera, par un
seul aligement, à l'extrémité du bourg de Biganos. » Le plan
primitif qui a servi de base à la loi est encore plus explicite que le
cahier des charges : loin de mentionner la commune de Talence
et la partie de la commune de Pessac, qui sont indiquées dans les
plans parcellaires de la compagnie, elle désigne des hameaux, des

sections de commune que M. Vergès a eu soin d'éviter dans ses travaux préparatoires.

M. Contencin part de ce principe que la loi de 1837 n'a pas désigné la localité ; bien plus, il appuie ses considérans sur le plan annexé à la loi , et il rend son arrêté sur le plan présenté par le concessionnaire.

Mais en admettant même que la loi n'ait point désigné les localités et territoires, vous savez, Messieurs, que cette désignation n'est pas laissée à l'arbitraire du préfet. Il ne peut se prononcer, à cet égard, qu'après avoir reçu les plans du tracé définitif, *revêtus de l'approbation de l'administration supérieure.* Ainsi , l'arrêté de M. Contencin est entaché d'illégalité, car l'approbation de l'administratisn supérieure , ceci est un fait positif, n'a pas été acquise aux plans de la Compagnie concessionnaire.

Lorsque les communes sur lesquelles les travaux doivent être dirigés sont énoncées dans la loi, comme dans le cas qui nous occupe , ou lorsque le préfet a rendu l'arrêté relatif à la désignation des territoires et localités, comme l'a fait M. Contencin en violation manifeste de la loi du 7 Juillet 1833 et de la loi qui autorise la construction du chemin de fer de La Teste, il ne reste plus qu'à désigner particulièrement chacune des propriétés dont l'exécution des travaux va rendre l'expropriation nécessaire; mais le préfet, chargé de cette mission, ne peut le faire que *dans les limites fixées par la loi.* Or, M. Contencin a approuvé des plans dont il n'était pas question dans la loi.

Les ingénieurs ou autres gens de l'art chargés de l'exécution des travaux, doivent lever , pour la partie qui s'étend sur chaque commune , le plan parcellaire des terrains et édifices dont la cession est indispensable. *Lorsque les travaux ont été concédés à une compagnie, ce sont les gens de l'art employés par cette compagnie qui doivent lever les plans parcellaires; mais comme il serait à craindre que pour économiser les fonds de la compagnie ou pour d'autres causes, ils ne dirigeassent les travaux sur des*

points autres que ceux où il serait le plus utile au public de les
voir passer, les plans doivent être soumis à l'approbation de l'ingé-
nieur chargé de la surveillance des travaux, et ce n'est que lors-
qu'ils ont été vérifiés et approuvés par lui que le préfet doit les
soumettre à l'approbation du ministre.

Les plans de la compagnie du chemin de fer de La Teste se
sont notablement écartés de la loi : pour un motif bien connu, et
pourtant M. l'Ingénieur en chef les a vérifiés et approuvés. M. le
préfet intérimaire Contencin s'est cru en droit de désigner les
localités et territoires, bien que cette désignation résultât claire
et évidente du cahier des charges et du plan annexé à la loi,
et pourtant il n'a pas attendu l'approbation de l'administration
supérieure, il ne s'est point tenu dans les limites de la loi.

Vous aurez à apprécier, Messieurs, la gravité des illégalités
que je vous signale. Ma discussion contre les actes administratifs
de M. Contencin est rigoureusement basée, vous avez dû le
voir, sur les données de l'excellent traité de M. Ch. de Lalleau.

J'arrive aux travaux de la commission instituée en vertu de
l'article 8 de la loi d'expropriation.

Cette commission se réunit, le 20 Septembre 1838, dans
l'une des salles de la Préfecture ; elle était composée de MM. Cou-
turier, ingénieur ; Devez et Ladurantie, membres du conseil
d'arrondissement ; Portal et Wustenberg, membres du conseil
général. M. Contencin, secrétaire-général, fut désigné comme
président par M. le préfet. La commune de Bordeaux était représentée par M. l'adjoint Hourquebie ; celle de Talence par M. le
maire Roul ; celle de Pessac par M. le maire Bourgailh.

La commission commença par prendre connaissance d'une protestation énergique contre le tracé des concessionnaires et l'arrêté
de M. le préfet, en date du 1.er Septembre. Après d'assez vifs
débats, la commission passa outre.

M. de Vergès , concessionnaire, exposa ensuite que le tracé qui a servi de base à la loi du 17 Juillet et à l'adjudication est établi d'après des nivellemens entièrement faux ; qu'il est absolument impossible de suivre ce tracé , en se conformant aux pentes prescrites par le cahier des charges, sans arriver à l'extrémité de la rue du Coq sur un remblai dont la hauteur égalerait celle d'un septième étage d'une maison, et sans faire sur le plateau des landes une profonde tranchée dans laquelle se rassembleraient toutes les eaux de la contrée qui inonderaient Bordeaux.

Ces assertions sont évidemment exagérées ; nous le prouverons sans réplique dans la partie de notre Mémoire qui est réservée à la discussion de la question d'art. — Les premiers nivellemens ne sont pas *entièrement faux*, car il ne s'y trouve aujourd'hui qu'une erreur de 10 m. 69 c. sur un développement de 7,000 m. au départ. — *Il n'est pas absolument impossible de suivre ce tracé en se conformant aux pentes prescrites par le cahier des charges*, car voici ce qui s'est passé à ce sujet , suivant M. Deschamps fils : « Le conseil des ponts et chaussées et l'administration su-
» périeure ont jugé sans doute que les erreurs qui pouvaient
» exister dans *l'avant-projet* n'étaient point un motif suffisant
» pour retarder son adoption en principe , car le cahier des
» charges a été dressé sans tenir aucun compte des observations
» de M. Billaudel , relativement à la pente de 0,005587 m. qui
» a été réduite à 0,0035 m. , ce qui était indiquer implicitement
» que le tracé serait changé, ou que l'on imposerait au conces-
» sionnaire l'obligation de faire des remblais considérables dans
» les marais de l'Archevêché. »

Ainsi , la pente de 0,0035 m. , contre laquelle s'élève M. de Vergès , a été prescrite , en toute connaissance de cause, par l'administration ; et le conseil général des ponts et chaussées , *auquel toutes les pièces de l'affaire ont été soumises*, ne s'est point mépris sur la valeur réelle des plans présentés.

Nous regrettons que M. l'ingénieur en chef de Silguy se soit déclaré, dans cette circonstance, pour M. de Vergès et contre ses supérieurs, MM. les membres du conseil général des ponts et chaussées. M. de Silguy ne nous fera jamais croire que cette respectable assemblée ait exigé un point de départ élevé de 70 pieds, et n'ait pas su prévoir que la pente de 0,0035 m. nécessiterait une tranchée dans laquelle se rassembleraient les eaux qui viendraient inonder la ville de Bordeaux.

Mais M. de Silguy ne s'en est pas tenu là. Après avoir fait peser un soupçon d'incapacité ou de négligence sur le conseil général des ponts et chaussées, il a demandé que le chemin de fer arrivât au cours d'Aquitaine. Ce cours étant plus élevé que la rue du Coq, on évitera les remblais, et la tête du chemin sera, selon lui, dans une position avantageuse.

Ce que la compagnie concessionnaire n'a pas osé proposer devient une chose toute simple, toute naturelle dans la bouche de M. de Silguy. M. de Silguy se fait le complaisant de la compagnie par faiblesse plutôt que par cupidité ; il se prononce ouvertement pour une violation de la loi. Comme moi, Messieurs, vous jugerez sévèrement la conduite de M. de Silguy.

Après tout, la commission n'a eu d'autre preuve de la véracité des assertions avancées par MM. de Vergès et de Silguy que ces assertions mêmes : ce n'était pas assez dans une question d'art.

Plusieurs membres se sont demandé alors s'il pouvaient proposer une modification nouvelle, directement contraire aux prescriptions de l'art. 2 du cahier des charges. — Cette question n'a pas été résolue.

Cependant si la commission eût bien réfléchi sur l'esprit de la loi du 7 Juillet 1833, elle n'eût pas hésité à reconnaître son incompétence. Sans doute nous ne lui dénions pas la faculté de donner son avis, comme nous l'avons dit plus haut, sur de simples modifications, de légères déviations, des convenances accidentelles ; mais elle ne pouvait agir en dehors du cahier des charges. Comme l'administration supérieure, comme le préfet, comme tous les pouvoirs publics, elle devait rester dans les limites de la loi. Elle a été instituée par la loi du 7 Juillet 1833, pour émettre son avis sur des travaux autorisés par une loi ou par une ordonnance. La loi du 17 Juillet 1837, rendue sur un plan qui a été l'objet d'un premier examen et qui a été soumis à une première enquête, autorise la construction du chemin de fer de La Teste. Eh bien ! ne serait-ce pas renverser les notions de la raison et du bon sens que de demander à la commission un avis sur l'exécution d'un chemin de fer, sans tenir compte des prescrits formels de la loi qui autorise ce grand travail d'utilité publique ?

Ecoutez M. Legrand, commissaire du Roi dans la discussion de la loi du 7 Juillet 1833, et il ne vous restera plus aucun doute :

« Il ne faut pas se dissimuler que, sauf quelques cas d'excep-
» tion, la question déférée à la commission est le plus souvent
» une question d'art. Lorsqu'il s'agit d'une route, d'un canal,
» d'un chemin de fer, *la direction a des points obligés* que la
» commission ne pourrait changer sans créer des inconvéniens
» qu'on a voulu éviter. Ajoutons, de plus, que les plans parcel-
» laires sont levés presque toujours d'après un plan général, qui
» a dû être l'objet d'un premier examen, et qui a été soumis à
» une première enquête. L'intervention de la commission, qui
» peut être utile dans certains cas, ne sera donc souvent qu'une
» cause de retard, et en la supprimant, il en résultera une
» accélération profitable à l'intérêt public. »

(*Moniteur,* 2 Février, page 267.)

La Commission, avant de lever la séance, décida que, pour éviter les difficultés qui se sont élevées récemment entre l'administration et le tribunal de Bordeaux sur l'interprétation de l'art. 9 de la loi du 7 Juillet 1833, le procès-verbal de la commission resterait ouvert pendant un mois, afin que les intéressés eussent le temps de faire parvenir leurs observations s'ils en avaient à produire ; qu'ainsi, elle ajournait son avis jusqu'à la réunion qui aurait lieu à l'expiration du délai.

Cette décision eût été fort sage, si on l'avait rendue publique. Les intéressés, avertis à temps, auraient pu consulter le procès-verbal, et combattre ainsi avec avantage les argumens de leurs adversaires. Peut-être la commission elle-même, mieux éclairée alors, se serait gardée d'émettre l'avis que nous critiquons !

La dernière séance de la commission eut lieu le 20 Octobre, et M. Wustenberg, seul absent, ne fut pas remplacé.

On entendit, dans cette séance, les observations des propriétaires intéressés : ces Messieurs n'eurent pas de peine à démontrer les faits, et la loi à la main, que les concessionnaires s'affranchissaient, dans un but cupide, des clauses et conditions du cahier des charges, tandis que le tracé primitif était exécutable dans toutes ses parties, moyennant quelques légères déviations. Après avoir traité la question de droit sous toutes ses faces, ils terminèrent par des considérations morales sur le système des adjudications.

Vous trouverez, au dossier de la commission, un plan et un mémoire explicatif, déposés par les intéressés, qui détruisent une à une les incroyables assertions de MM. de Vergès et Comp.[e]

Deux concessionnaires, MM. Mestrézat et Péreyra, s'appuyèrent pour toute réponse, sur les nivellemens produits par M. de Vergès et vérifiés par M. l'ingénieur en chef. Ils ajoutèrent que leur tracé satisfaisait entièrement aux prescriptions de la loi, puisqu'il vient aboutir à la rue du Coq, et pénètre les marais de l'Archevêché ; qu'à la vérité l'étendue dans laquelle il traverse ces marais est assez restreinte ; mais que le cahier des charges leur imposait seulement la condition de traverser les marais, sans s'expliquer sur cette étendue. — MM. Péreyra et Mestrézat oubliaient, ou voulaient bien oublier que le chemin de fer, partant de la rue du Coq, doit, au dire du cahier des charges, *arriver par un seul alignement* au bourg de Biganos. Or, le tracé de M. de Vergès, ayant le même point de départ, *s'infléchit* pour atteindre seulement la barrière de Pessac.

4

Un des membres de la commission pria M. Péreyra de vouloir
bien s'expliquer sur la position du tracé au droit de la Croix-
d'Hins. Les concessionnaires devaient savoir, selon lui, si ce
tracé passe à droite ou à gauche de la Croix-d'Hins, et leur
intention n'était pas sans doute d'induire la commission en erreur lorsqu'il s'agissait d'une question de bonne foi. — MM. Péreyra et Mestrézat refusèrent de donner à la commission les
renseignemens précis qu'on leur demandait.

Le conseil des propriétaires intéressés fit observer que les
concessionnaires les donneraient facilement, s'ils n'avaient pas
intérêt à taire la vérité ; qu'il serait étrange que la compagnie
qui, aux termes du cahier des charges, devait présenter un projet complet dans le délai de six mois, ne sût pas, après un délai
de près d'un an, quelle sera la direction de son tracé sur toute
l'étendue de la ligne.

M. Mestrézat s'excusa sur *le temps considérable* qu'on avait perdu
à rectifier les erreurs commises dans le premier nivellement. —
C'était là une très-mauvaise excuse; dans trois jours, il est possible de vérifier et de rectifier *une seule erreur* de 10 m. 69 c.

Dès que les intéréssés se furent retirés, la commission se mit
à discuter les observations et les moyens qu'on avait fait valoir
auprès d'elle. D'un côté, on observa que le concessionnaire, partant de la rue du Coq et des marais de l'Archevêché, ne violait pas
la loi. De l'autre, on prétendit que cet argument était dépourvu
de franchise, attendu que le tracé devant former un seul alignement de Bordeaux à Biganos, présentait plusieurs courbes aujour-
d'hui sur cette étendue ; que les réticences des concessionnaires
étaient difficilement explicables si leur tracé était réellement conforme à la loi.

M. l'ingénieur en chef, interrogé de nouveau, opposa au tracé
primitif les mêmes obstacles dont il avait parlé dans la précé-
dente séance, et insista avec force pour le prolongement du chemin de fer jusqu'à l'intersection des cours d'Albret et d'Aquitaine.

On objecta alors en faveur du tracé légal que, d'après les opérations des concessionnaires, en suivant la vallée du Peugue sur une longueur de 10,163 m. avec la pente limitée, il ne resterait plus que 9 m. 12 c. à compenser par des déblais près du plateau, ou des remblais à l'extrémité de la rue du Coq. Il serait donc facile de faire une tranchée de 3 m.00 c par exemple et un remblai de 6 m 12 c. ; ce travail n'aurait rien d'extraordinaire, car le concessionnaire lui-même, dans son tracé, s'est résigné à faire 6 m. 15 c. de hauteur de remblai au départ et une tranchée de 5 m. 88 c. de profondeur sur le plateau.

M. l'adjoint Hourquebie, représentant de la ville de Bordeaux, fut d'avis qu'il y avait lieu de placer le point de départ du chemin à l'extrémité du cours d'Albret, plutôt qu'à l'extrémité de la rue du Coq. — Je prouverai bientôt que M. Hourquebie, en exprimant cette opinion, a sacrifié les intérêts de Bordeaux à l'intérêt privé des concessionnaires.

Quelques membres s'étonnèrent ensuite que la compagnie concessionnaire eût manifesté l'intention d'entrer en compte avec l'administration, au sujet des augmentations ou diminutions que cette modification pourrait occasionner. Serait-il possible que l'état fût obligé de payer une indemnité au concessionnaire, en lui accordant une faveur si évidente, puisqu'elle le dispenserait d'un travail qu'il déclarait raisonnablement impossible ? On rappela ce qui s'était passé pour l'abaissement du pont de Cubzac : la circonstance était à peu près la même ; or, il s'en est peu fallu que le compte à régler entre le concessionnaire et l'administration ne se résolût en une indemnité à payer par l'état à la compagnie. Il était donc nécessaire que l'administration prît ses mesures d'avance pour garantir les intérêts du Trésor, si l'origine du chemin de fer était modifiée.

La proposition que faisait la compagnie *d'entrer en compte* avec l'administration, n'est, selon moi, qu'une manière adroite de cacher son jeu. La compagnie sait qu'elle *gagne* pécuniairement parlant, à changer le tracé indiqué par la loi ; elle veut du reste épargner la belle propriété de l'un des concessionnaires influens, M. Nathaniel Jonhston. Mais il est prudent d'avoir l'air d'ignorer les bénéfices que l'on est disposé à recueillir, en donnant une couleur purement artistique à une spéculation d'argent ou d'intérêt privé ; c'est pour cela qu'on argumente sans cesse de *l'impossibilité* de suivre le plan primitif.

Voici les considérans par lesquels la commission jugea à propos de clore ses opérations :

« Considérant qu'aucun intérêt public ne se rattache à l'établissement du point de départ du chemin de fer à l'extrémité de la rue du Coq ; qu'il convient, au contraire, de le placer à l'intersection des cours d'Albret et d'Aquitaine ; que d'ailleurs l'exécution littérale du tracé indiqué par la loi présente des difficultés considérables qu'on peut éviter en modifiant le tracé ;

» Considérant que la commission n'a pas mission spéciale d'examiner si le tracé proposé par le concessionnaire et les modifications qu'elle y introduit, sont entièrement conformes à la loi ; que néanmoins, dans cette circonstance, elle se doit à elle-même de déclarer que le tracé et ces modifications s'écartent très-notablement des dispositions du cahier des charges annexé à la loi ; mais qu'il appartient à l'administration seule d'examiner si ces changemens ont besoin de recevoir la sanction d'une loi nouvelle, basée sur une nouvelle enquête;

» Considérant qu'il convient de mettre sous les yeux de l'administration toutes les pièces qui peuvent l'éclairer dans cette affaire importante, est d'avis :

» 1.º Que le tracé des concessionnaires dans les communes de Bordeaux, de Talence et de Pessac, soit adopté ; mais qu'il y a lieu de substituer à la partie du chemin comprise entre la barrière de Pessac et la rue du Coq un autre embranchement, partant de l'intersection des cours d'Albret et d'Aquitaine, et aboutissant à la barrière de Pessac.

» 2.º Que le projet et le mémoire présenté par les habitans de la rue Le Coq soient annexés au procès-verbal, avec toutes les autres pièces, pour être transmises à l'administration.

» 3.º Que l'administration doit prendre ses précautions pour se mettre à l'abri des réclamations en indemnité que le concessionnaire pourrait élever ultérieurement par suite du changement du point de départ, et se réserver la faculté d'embrancher le chemin de Bayonne sur celui de La Teste. »

Ce n'est pas ici le lieu d'examiner si aucun intérêt public ne se rattache à l'établissement du point de départ du chemin de fer à l'extrémité de la rue du Coq, et s'il convient au contraire de le placer à l'intersection des cours d'Albret et d'Aquitaine. La commission avait-elle le droit de délibérer sur cet objet? Voilà pour le moment toute la question.

L'art. 8 de la loi du 8 Mars 1810, avait indiqué en ces termes la nature des observations sur lesquelles la commission devait émettre son avis : « Cette commission recevra les deman-
» des et les plaintes des propriétaires qui soutiendraient que
» l'exécution des travaux n'entraîne pas la cession de leurs pro-
» priétés. » Quoique cette disposition ne se retrouve pas dans la loi du 7 Juillet 1833, les attributions de la commission n'en sont pas moins restées les mêmes, ainsi que l'a exposé M. Legrand, commissaire du Roi. « Au moment où la commission est saisie,
» il existe déjà un plan arrêté, et qu'il s'agit d'appliquer sur le
» terrain. Il ne peut plus être question de déterminer sur quels
» territoires, à travers quelles communes doit passer la ligne des
» travaux : cette question a été examinée et décidée à la suite
» des enquêtes genérales.... En nous plaçant dans cette hypo-
» thèse, les points principaux de la ligne des travaux sont déter-
» minés, et, conformément à l'art. 2 de la loi, le préfet a dû
» désigner les localités, les territoires sur lesquels les travaux
» doivent avoir lieu. Cet acte de l'autorité préfectorale est anté-
» rieur à la délibération de la commission. Il ne lui appartient

» pas de le changer. Le gouvernement, ou une loi spéciale, a
» ordonné que le chemin passerait par telle commune, sur tel
» territoire. Il s'agit uniquement pour la commission de savoir
» si, pour exécuter l'ordonnance ou la loi, il est nécessaire d'oc-
» cuper telle ou telle propriété particulière ; si, par exemple,
» pour ménager tel domaine, on ne pourrait pas infléchir la
» ligne du plan de manière à la diriger vers la limite plutôt que
» sur le milieu de ce domaine. Il ne s'agit pas ici d'un intérêt
» général, mais d'un intérêt purement local et presque individuel.
» Presque toujours il y a des points obligés qu'on ne peut dépla-
» cer sans occasionner des dépenses considérables, que la com-
» mission ne peut avoir le droit de mettre à la charge de l'état
» ou des compagnies concessionnaires. »

Oui, nous le répétons, la commission peut proposer des modifications à un projet parcellaire, dans le sens qu'indique M. Legrand ; mais elle ne saurait, sans outrepasser ses pouvoirs et sans
sortir des limites de la loi, présenter le changement complet des
points obligés et de la direction d'une ligne. Concluons, avec l'ar-
gumentation si judicieuse de M. Legrand, que la commission n'a-
vait pas le droit de substituer comme point de départ l'intersection des cours d'Aquitaine et d'Albret à l'extrémité de la rue du
Coq, et de sanctionner un tracé qui, d'après elle, s'écartait notablement du cahier des charges.

Venons à des considérations d'une autre nature :

Vous avez dû pressentir, Messieurs, à la simple lecture des
discussions, que la commission, loin d'être unanime dans sa décision, était partagée quant aux moyens et au but. Les membres
étaient au nombre de six, y compris le maire de chaque commune.
Il y a eu au moins trois opposans ; la voix du président étant
probablement prépondérante, la majorité a été composée de trois
voix. Réfléchissez bien sur ce chiffre, en pensant que la commission de l'enquête administrative, qui comptait neuf ou treize membres, s'est prononcée à l'*unanimité* sur les points de départ et d'ar-

rivée et sur les points intermédiaires ; que surtout cinq cents signataires ont protesté contre le changement du point de départ et
du tracé général.

La commission ne dit pas, comme le concessionnaire , qu'il y a
impossibilité à suivre le tracé primitif ; mais elle argue de difficultés considérables. — Et qu'importent les difficultés ? A-t-on
fait des chemins de fer sans difficultés ? ne s'est-il pas rencontré
des difficultés plus grandes dans l'exécution du chemin de
fer de Saint-Germain ? Il existe un cahier des charges. On s'est
engagé à le respecter dans toutes ses clauses et conditions. En
matière de travaux publics, les compagnies doivent supporter
également les charges et les bénéfices d'une entreprise, sous peine
d'ouvrir la porte à des désordres de toute espèce.

Nous ne comprenons pas , par exemple , que des gens sérieux
comme ceux qui faisaient partie de la commission , aient déclaré
n'avoir pas mission d'examiner si le tracé proposé par le concessionnaire était conforme à la loi. — Et comment la commission
serait-elle dispensée de respecter la loi qui autorise le travail sur
lequel elle donne son avis ? Conçoit-on une pareille anomalie ?
Cette commission n'est-elle pas plus propre, je vous le demande,
à résoudre une question légale qu'une question d'art ? Au reste,
elle a reconnu que ce tracé s'écarte très-notablement des dispositions du cahier des charges ; et ignore-t-elle donc, la commission, que le cahier des charges , en vertu de la loi du 17 Juillet
1837, est partie intégrante de cette loi ; que s'affranchir des
conditions du cahier des charges , c'est violer la loi !

Enfin, la commission, dans un but louable sans doute, a annexé
au procès-verbal le projet et le mémoire présentés par les habitans
de la rue Le Coq pour éclairer l'administration dans cette importante affaire. — En vérité, qu'est-ce que cela signifie ? La commission suppose que ce projet et ce mémoire sont de nature à
éclairer l'administration supérieure ; et pourtant, sans autres
éclaircissemens que les plans parcellaires de la compagnie con-

cessionnaire , elle-même émet un avis contraire aux prétentions des propriétaires intéressés. — Pour être conséquente avec ses principes, la commission eût dû , avant de s'arrêter à une décision formelle , faire vérifier le plan qu'on lui soumettait ou s'abstenir de désigner tel ou tel point. N'est-il pas au moins étrange qu'après avoir agi elle-même si légèrement , elle recommande à l'administration supérieure de s'entourer de toutes les lumières et de se prononcer avec la plus grande circonspection ?

Le gouvernement doit , selon la commission , repousser toute réclamation en indemnité que le concessionnaire pourrait élever ultérieurement par suite du changement du point de départ. Nous ne saurions trop rassurer les membres de la commission à ce sujet: le concessionnaire est vivement intéressé à prendre une autre direction que celle indiquée par la loi. — Et oui , sans doute, disait M. Mestrézat il y a peu de jours, nous insistons pour l'adoption de notre tracé, parce qu'il fera gagner 100 mille francs aux actionnaires , — et 400 mille francs à la compagnie , ajouta son interlocuteur ! — Il s'agit donc d'une affaire d'argent : rien de plus, rien de moins.

Ici , Messieurs , se termine ce récit un peu long , je l'avoue , mais indispensable à la cause que j'ai mission de défendre. Je n'ai négligé aucun détail , aucune circonstance , aucune réflexion , afin de donner à cette affaire la véritable physionomie qui lui convient. En arrivant à cette partie de mon travail , l'homme le plus prévenu en faveur de nos adversaires , hésitera dans son jugement, ou peut-être n'hésitera-t-il plus à la vue de tant d'intrigues , d'illégalités et de mensonges. Je n'ai pas inventé les faits , je les ai classés par ordre à mesure qu'ils se présentaient devant moi ; je n'ai pas inventé les circonstances plus ou moins déplorables ; la compagnie les provoquait de gaîté de cœur. Quant aux réflexions , elles naissaient naturellement sous ma plume, et je ne pouvais pas faire qu'elles ne fussent sévères.

Maintenant, Messieurs , trois questions se présentent à traiter :

Il faut que j'établisse la *possibilité* de l'exécution du tracé prescrit par le cahier des charges : c'est la question d'art.

Il faut que je prouve les *avantages* du tracé légal sur celui de la compagnie concessionnaire : c'est la question d'utilité.

Il faut, qu'en démontrant la violation de la loi du 17 Juillet par le projet du concessionnaire, je prouve que cette violation entraîne la nécessité d'une nouvelle loi et d'une nouvelle adjudication : c'est la question de légalité.

QUESTION D'ART.

Une pièce annexée au procès-verbal de la dernière commission d'enquête, et rédigée par M. de Vergès, ingénieur de la compagnie concessionnaire, renferme tous les moyens de défense et d'attaque produits en faveur du nouveau tracé. Réfuter victorieusement cette pièce, vous le sentez bien, Messieurs, c'est forcer nos adversaires ou à exécuter scrupuleusement les prescrits de la loi, ou à résilier l'adjudication.

Veuillez, Messieurs, dans la discussion suivante, redoubler d'attention et de bienveillance pour moi.

« *Il existe*, dit M. de Vergès, *dans le nivellement de M. Go-* » *dinet, une erreur de* 10 m. 69 c. *(33 pieds) sur* 7,000 m. » *de longueur. C'est un fait matériel qui rend nécessaire une varia-* » *tion de* 20 m. 10 c. *des cotes du terrain à celles du chemin* » *pour les points extrêmes.* »

En fait, une erreur de 10 m. 69 c. ne peut jamais *rendre nécessaire* une variation de 20 m. 10 c. — N'oubliez pas que le concessionnaire s'est engagé, à ses risques et périls, à exécuter le tracé indiqué par la loi ; que l'exécution littérale de ce tracé force d'élever le point de départ, à Bordeaux, de 8 m. 48 c., et de faire sur le parcours, des remblais de 12 et 14 m. Or, la variation de 20 m. 10 c., signalée par M. de Vergès, provient de

5

l'erreur d'abord, et ensuite des remblais qui sont légalement indispensables. Eh bien! il suffit, pour racheter l'erreur, d'un déblai de 10 m. 69 c. au plateau des Landes.

« *Cette variation ne peut s'obtenir qu'en creusant le plateau des* » *Landes, au-dessous du lit du Peugue, de manière à appeler, à* » *Bordeaux, toutes les eaux des Landes, par une tranchée d'une* » *hauteur énorme, ou en faisant arriver le chemin de fer à Bor-* » *deaux, à la hauteur du septième étage d'une maison.* »

Le lit du Peugue, d'après les cotes de nivellement des concessionnaires, est, au-dessous du sol du plateau, de 12 m. à l'intersection de la grande passe de Gradignan à Saint-Médard. Le déblai en plus étant de 10 m. 69 c., le chemin de fer se trouvera encore à 1 m 31 c. au-dessus du Peugue. On voit par là que l'erreur est suffisamment rachetée et qu'ainsi le point de départ, au lieu d'être élevé de sept étages, ne sera qu'à 8 m. 48 c., hauteur nécessaire pour le projet primitif.

« *Si la masse d'eau des Landes, tout entière, arrive par cette* » *tranchée dans la ville de Bordeaux, les aqueducs qui conduisent* » *les eaux à la Garonne seront bien loin de suffire.* »

Les eaux qui s'écoulent du plateau des Landes n'ont jamais, que je sache, inondé la ville de Bordeaux, et la tranchée dont on parle n'est pas capable d'en augmenter le volume. Le chemin de fer reste, comme nous l'avons établi, à une hauteur de 1 m. 31 c. au-dessus du lit du Peugue. En conséquence, une partie des eaux se perdra à la source du Peugue; l'autre partie, reçue par la tranchée, viendra se verser naturellement dans le ruisseau, à *Noés* ou *à Pessac*, sans danger pour Bordeaux et sans inconvénient pour le chemin de fer.

« *Le mamelon des Landes s'élevant suivant une pente continue* » *et régulière, une fois que le chemin de fer est entré en déblai,* » *il s'y prolonge indéfiniment, et dès-lors une tranchée de 20 m.* » *de hauteur se poursuivrait pendant peut-être 10,000 m. avant* » *de rencontrer le sol des Landes.* »

Il y a dans cette phrase un non-sens qui saute aux yeux : d'un
côté, on assure que le chemin de fer se prolongera *indéfiniment*
en déblai, ce qui revient à dire que le chemin de fer, formant une
ligne parallèle avec la ligne du sol, n'atteindra jamais le niveau
du plateau des Landes ; de l'autre, que la tranchée se poursuivra
à une profondeur de 20 m. pendant 10,000 m., ce qui est absurde ; en effet, il est superflu de répéter que la tranchée ne sera
que de 10 m. 69 c. Le mamelon des Landes s'élève bien par une
pente *continue* et *régulière*, mais la pente du terrain n'est que de
0,001 par mètre et la loi accorde 0,0035 par mètre. La tranchée
de 10 m. 69 c. donnera pour terme moyen 5 m. 50 c. de déblai,
au lieu de 20 m., sur une longueur de 4,000 m. seulement. Eh
bien ! il est mathématiquement prouvé qu'avec une pente de
0,0035 par m. sur une longueur de 4,000 m., on gravira une
hauteur de 14 m. que je divise ainsi : 10 m. 69 c. pour racheter
l'erreur et 3 m. 31 c. pour gagner la pente uniforme de 0,001 m.
par mètre au plateau. Par ce moyen le chemin de fer de La
Teste atteint sans effort le sol des Landes, une lieue après Pessac,
vis-à-vis le hameau *des Anguilles*, et arrive à la Croix-d'Hins avec
une pente de 0,001 m. par mètre.

« *Si l'on se bornait à faire une tranchée de 5 m. dans le plateau,*
» *on arriverait encore au cinquième étage d'une maison ordinaire,*
» *et une telle disposition est évidemment absurde pour les voyageurs*
» *et les marchandises.* »

Il faut que M. de Vergès, pour tenir un pareil langage, soit en
proie à une bien fâcheuse préoccupation. Voyez plutôt :

L'auteur du premier projet établit au départ des remblais de
8 m. 48 c., environ 26 pieds, et sur le développement du parcours, des remblais de 12 et 15 m. ; mais l'erreur de 10 m.
69 c. se présente à répartir sur une longueur de 7,000 m.; alors
on opère un déblai de 10 m. 69 c., et l'erreur est vaincue.

Mais le concessionnaire a osé soutenir que cette erreur ne
saurait être rachetée que par une tranchée de 20 m. ou une élé-

vation de sept étages au départ. Nous ne répéterons pas ici que l'erreur étant de 10 m. 69 c. , il suffit d'un déblai de 10 m. 69 c. également pour gravir la hauteur.

Sans doute , il serait absurde de faire monter les voyageurs et les marchandises à une élévation de cinq étages. Aussi , le conseil général des ponts et chaussées a-t-il décidé , en adoptant l'avant-projet de M. Godinet , que [le point de départ ne serait élevé que de 8 m. 48 c.

« *Par suite de l'erreur matérielle du nivellement , il y a donc*
» *impossibilité complète de suivre exactement la ligne tracée par M.*
» *Godinet , et le concessionnaire , pour remplir l'obligation qu'il*
» *avait contractée de présenter un projet , a dû user du droit qu'il*
» *avait de présenter des modifications et chercher la direction à*
» *suivre pour remplir les prescriptions du cahier des charges.* »

Mais enfin cette erreur , dont on fait tant de bruit , ne change pas la nature du terrain ; elle existe sur le papier , dans les nivellemens de l'ingénieur ; qu'on la corrige et tout sera dit ! Au reste , personne n'a été dupe de ces ridicules allégations , et la commission de l'enquête de *commodo* et *incommodo* , s'est obstinée à ne voir qu'une simple *difficulté* là où le concessionnaire signale une *impossibilité.* L'erreur ne saurait faire question aujourd'hui. Quant au cahier des charges que M. de Vergès a la prétention de suivre fort consciencieusement , nous affirmons qu'il est foulé aux pieds par la compagnie ; c'est d'ailleurs ce que nous prouverons tout à l'heure.

« *Le tracé-Godinet , par une disposition malheureuse , partait*
» *du point le plus bas , près Bordeaux , pour arriver au point le*
» *plus élevé du plateau. Il est évident qu'il fallait suivre une dis-*
» *position toute contraire ; c'est-à-dire, chercher un point élevé*
» *pour partir de Bordeaux, et prendre pour point d'arrivée dans*
» *la Lande un point aussi bas que possible , en se mettant à l'abri*
» *des eaux.* »

L'auteur du projet n'avait nullement à s'inquiéter , selon nous, ni des points bas au départ, ni des points hauts au plateau des Landes. La question d'art devait être subordonnée à la question d'utilité générale et locale. Une fois que les lieux les plus favorables à l'exécution du chemin de fer ont été déterminés, il faut s'occuper de la possibilité du tracé dans les clauses et conditions du cahier des charges. Quelle que soit la disposition du plan primitif, il n'en est pas moins vrai que les travaux préparatoires de M. Godinet n'ont été un objet de critique et d'attaques violentes que pour la compagnie concessionnaire.

M. de Vergès ajoute encore qu'il n'y avait que deux seules directions à étudier, la droite ou la gauche de la route actuelle. — La ligne prise sur la droite par cet ingénieur est présentée sous un faux jour et offre des obstacles à peu près insurmontables. Ce n'est pas là, en vérité, la ligne du tracé général ; c'est une ligne choisie par caprice, au hasard, pour surprendre la religion du jury. Quant à la ligne gauche, elle n'est pas aussi avantageuse que s'efforce de le faire croire M. de Vergès. La critique impartiale de cette direction trouvera sa place dans la question d'utilité.

Enfin, M. de Vergès termine en assurant qu'il n'y a pas possibilité de faire passer le chemin de fer autre part que dans la direction qu'il indique. — Nous avons démontré jusqu'à l'évidence la fausseté de cette assertion.

Oui, une *difficulté* de 10 m. 69 c. existe, une seule ; mais un déblai au plateau des Landes suffit pour la surmonter ; et qu'on ne vienne pas dire que ce déblai est une chose monstrueuse, inouie. Je pourrais citer le chemin de fer de Saint-Germain où furent opérées des tranchées dont la profondeur va jusqu'à dix-sept mètres et des remblais de 10 et 20 m. de hauteur.

Au reste, cette *difficulté*, arme puissante des concessionnaires aux yeux des gens peu versés dans la science du nivellement, il y a un moyen facile et commode de l'éviter.

Nous avons dû faire des études à notre tour pour éclairer nos juges. Aussi un plan fut-il soumis, le 20 Octobre dernier, à la commission d'enquête. — L'exactitude en était contestable alors ; nous demandâmes, afin de convaincre la commission, que ce travail fût vérifié par l'administration des ponts et chaussées. M. de Silguy répondit qu'il ne pouvait procéder à aucune espèce de vérification parce que les cotes de 200, 250 et 1,000 m. étaient trop espacées. M. de Silguy se trompait étrangement, car lui-même avait vérifié deux fois les nivellemens de M. Vergès pour le premier projet, et les cotes sont à 2,200, 1,400 et 1,300 de distance sur ce plan, etc.—Pesez, je vous prie, Messieurs, cet acte de partialité, et remarquez que nous avons intercalé sur le plan joint à ce mémoire les cotes intermédiaires, exigées par M. de Silguy.

L'erreur de 10 m. 69 c., qui a été le sujet d'une si vive polémique, se trouve au-dessus du village de *Monteil*, 7,000 m. environ après Bordeaux. Ce point, d'après les données de l'ingénieur de la compagnie, est de 43 m 80 c. plus haut que la rue du Coq. La pente de 0,0035 fixée par la loi ne peut gravir qu'une hauteur de 23 m. 80 c. Il faut donc racheter 20 m. par un exhaussement au point de départ et ensuite par un déblai à la côte de *Monteil*.

Mais notre ligne passe par le vallon du Peugue et rachète ainsi sans déblai l'erreur de 10 m. 69 c., en évitant le point culminant du plateau. Cette ligne est une *modification* autorisée par le cahier des charges, puisqu'elle ne s'écarte pas du tracé général et qu'elle n'excède pas le *maximum* de la pente indiquée. Nous la soumettons avec confiance à votre sagesse et à vos lumières ; nous avons, tenté de concilier nos intérêts avec le respect de la loi : votre décision nous apprendra si nous avons réussi.

A son entrée du côté du cours d'Albret, la rue du Coq est de 5 m. 45 c., au-dessus des hautes eaux de la Garonne ; nous pouvions en conservant cette hauteur, 5 m. 45 c., prolonger l'arrivée du chemin de fer vers l'autre extrémité de la rue ; mais, dans le but d'éviter toute contestation, nous portons de préférence le projet de surhaussement à la cote 4 m. 25 c., qui n'élève le sol actuel que de 2 m. 00 c, et le met de niveau avec la face est de la manufacture des tabacs.

La différence de niveau entre le rue du Coq et la Croix–d'Hins est de 53 m. 25 c. ; la distance entre ces deux points est de 21,400 m., en tenant compte, au départ de Bordeaux, d'une longueur de 600 m. qui sert à racheter la hauteur des remblais dans les marais de l'Archevêché, et à donner un développement de 500 m. de niveau. La pente entre la rue du Coq et la Croix–d'Hins, comme on le voit facilement, ne serait que de 0, m. 0025 par mètre, si on ne rencontrait pas, d'une localité à l'autre, des points tels que les monticules de Pessac, de Noès, de Monteil qui exigent une pente plus forte.

L'erreur dont arguent nos adversaires existe donc au–dessus de Pessac, à l'endroit où les eaux se partagent pour aller, partie du côté de Talence, et partie dans le Peugue. Or il n'est point douteux pour les gens qui connaissent les localités et la science du nivellement qu'en se portant au Nord vers le Peugue, on aura une cote beaucoup moins élevée. C'est pourquoi, obéissant nous–mêmes à la loi inflexible du niveau et nous rapprochant des parties basses du vallon, nous avons évité l'erreur de 10 m. 69 c., et établi par là la *possibilité* ou plutôt la *facilité* d'exécuter le chemin de fer de La Teste avec la direction imposée par le cahier des charges.

L'extrémité occidentale de la rue du Coq peut être placée à la cote 58 m. 75 c. ; mais, pour compenser les déblais et les remblais sur le parcours, il faut encore élever le point de départ à 5 m. 11 c.

La cote, au départ, est donc de 53 m. 64 c., et se continue à une distance de 500 m., pour que cette longueur soit de niveau. Ici commence la pente de 0,0035 par mètre.

La distance de ce dernier point, 500 m., pris dans les marais de l'Archevêché, à 500 m. avant la ferme expérimentale, est de 5,400 m. ; la cote au terrain est de 34 m. 74 c. ; ce qui produit la pente de 0,0035 par mètre. Dans ce parcours de 5,400 m., la plus grande hauteur des remblais est de 8 m., et la plus grande profondeur en déblais, de 0 m. 47 c.

Du dernier point désigné (500 m. avant la ferme expérimentale) jusqu'au point déterminé, en face du domaine Miailhe, 3,000 m. environ après le hameau *des Bidets*, dans un développement de 5,500 m., cette même pente de 3 millim. et demi est intégralement maintenue ; les déblais ne sont que de 2 m. 44 c. d'abord, et de 2 m. 89 c. aux endroits les plus élevés.

Du domaine Miailhe à la Croix d'Hins le parcours est de 10,500 m. ; la hauteur à racheter est seulement de 9 m. 99 c. : en conséquence, la pente se trouve réduite à peu près à 0,001 m. par mètre.

Maintenant, Messieurs, l'exactitude de notre plan va ressortir du rapprochement fait, dans ce petit tableau synoptique, entre nos cotes de nivellement et celles du plan des concessionnaires :

·LOCALITÉS.	Plan des conc.ʳᵉˢ		Plan du Mémoire.		Différ.ᵉ des côtes.	
Rue du Coq................	61ᵐ	16ᵉ	60ᵐ	75ᵉ	0ᵐ	59ᵉ
Chemin du Tondut.........	53	32	52	98	0	34
Moulin du Poujau, près Lacaze...................	45	73	44	81	0	92
Hameau de Noès, près le Peugue................	39	04	39	72	0	68
Ferme expérimentale, près le Peugue...............	31	54	31	92	0	38
Chemin de Gradignan à Saint-Médard, près le Peugue....................	29	18	29	45	0	27
Aux quatre chemins, sur la grand'route..........	17	26	17	18	0	08

Vous avez dû voir par ce tableau que, nonobstant quelques différences à peine sensibles, les cotes de notre nivellement sur le parcours, où se rencontre l'erreur, se raccordent exactement avec les cotes des plans dressés par le concessionnaire. Ces différences résultent d'ailleurs, vous le comprendrez sans peine, de la distance plus ou moins éloignée des points sur lesquels les auteurs des deux projets ont opéré. Cela arrive toujours en matière de nivellement, quand les agens procèdent à leurs études sur la même ligne, les uns après les autres. — Remarquez, en effet, que, dans les deux plans même de M. de Vergès, les différences sont encore plus considérables.

Ainsi le plan joint à ce Mémoire est exact, et notre tracé est d'une exécution d'autant plus facile qu'il entraînera moins de dépenses pour la compagnie concessionnaire, que le tracé littéral de M. Godinet.

Suivant notre tracé, le point de départ, à Bordeaux, n'a que 5 m. 11 c. de hauteur. Les remblais n'ont que 8 m. sur les points intermédiaires ; les déblais ne sont que de 2 m. 89 c. Si l'on veut même exécuter la ligne sans remblais, cela est possible en reportant la différence de 2 m. 89 c. au point de départ, qui serait élevé alors de 8 m. seulement.

Le même point de départ, à l'extrémité de la rue du Coq, d'après le tracé de M. Godinet, a une élévation de 8 m. 48 c., les remblais sont de 12 à 15 m. dans le parcours, l'erreur nécessite un déblai de 10 m. 69 c. au plateau.

Le tracé actuel des concessionnaires, partant de l'intersection des cours d'Albret et d'Aquitaine ou de la barrière de Pessac, exige des remblais de 6 m. 15 c. au départ, et une tranchée de 5 m. 88 c. au plateau.

Notre tracé est donc préférable à celui de M. Godinet, parce qu'il est plus économique.

Notre tracé est préférable à celui des concessionnaires, parce qu'il se conforme rigoureusement aux clauses et conditions du

6

cahier des charges, et qu'il a moins d'obstacles à vaincre. Veuillez remarquer surtout, Messieurs, que notre tracé est une reproduction fidèle de l'avant-projet, sauf une modification légale et de peu d'importance, car les *points obligés* sont respectés sur toute la direction.

QUESTION D'UTILITÉ.

Non-seulement le tracé des concessionnaires a l'inconvénient d'offrir des difficultés d'exécution et de violer la loi, mais encore il froisse des intérêts nombreux et puissans.

Cependant, M. de Vergès ne craint pas d'avancer qu'au moyen de son tracé, les arrivages des marchandises deviennent faciles ; que le terrain, à la barrière de Pessac, se prête à des magasins et entrepôts ; qu'il permet, après la première courbe au départ, un seul alignement qui conduit jusqu'à Pessac en laissant le village entier sur la droite ; qu'il joint un vallon secondaire de la rivière de Talence, et s'élève ainsi avec le moins de déblai possible. Cet ingénieur ajoute que son tracé ne rencontre pas une maison, ne trouble dans leurs biens qu'un petit nombre de propriétaires, et permet de traverser la plupart des chemins d'une manière indépendante.

Toutes ces assertions de M. Vergès ne sont rien moins qu'exactes :

Il y a économie de temps et d'argent pour le commerce à recevoir les marchandises au point le plus voisin du lieu de destination. Or, la barrière de Pessac est éloignée de Bordeaux plus que la rue Le Coq de près d'un quart de lieue.

L'extrémité occidentale de la rue Le Coq, ou les terrains de Belleville, sont dans une situation extrêmement favorable. Les parties les plus reculées de Bordeaux rayonnent, en ligne droite, vers

.e pᴏɪɴᴛ, ᴘᴀɪ ᴜɴᴄ .ɪɪnnité de rues et par des cours magnifiques.
A quelque pas de la rue Le Coq se trouve le foyer des affaires :
le port , la Bourse , l'Hôtel-de-Ville , la place Dauphine , le Palais
de justice et la place d'Armes. Cette rue est , en un mot , le centre
le plus naturel et le plus commode de l'immense circonférence
sur laquelle est échelonnée une population de plus de cent mille
ames.

Les entrepôts et magasins seront donc mieux placés à L'extrémité de la rue Le Coq qu'à la barrière de Pessac. Ici nous avons
des champs en culture qui n'augmenteront pas de valeur par les
divers établissemens du concessionnaire ; là , des emplaçemens
propices à la construction , au sein d'un quartier populeux et
industriel.

Après une première courbe au départ, le tracé de M. de Vergès
va jusqu'à Pessac par un seul alignement. — Le tracé du cahier des
charges arrive par un seul alignement au bourg de Biganos , huit
lieues après Pessac ; toute l'étendue du chemin , d'après notre
modification , sera établie sur deux lignes droites raccordées
par une courbe dont le rayon aurau moins 3,700 mètres.

M. de Vergès se félicite d'aboutir à Pessac par sa nouvelle direction. — Mais le tracé du cahier des charges, sans s'éloigner de ce
village , passe dans la commune de Mérignac , aboutit à des hameaux isolés dans la Lande , sans industrie et sans voies de communication.

Les déblais opérés par le concessionnaire sont de 5 m. 88 c.
au plateau. — Le tracé du cahier des charges , graces aux modifications judicieusement introduites , n'a besoin que d'une mince
tranchée de 2 m. 89 c.

Le tracé de M. de Vergès, qui *ne rencontre aucune maison et ne
trouble qu'un petit nombre de propriétaires dans leurs biens d'agré-
mens* , dévaste des propriétés du plus beau rapport et les vignobles
les plus précieux de la contrée , *Talence* , *Candau, le Haut-Brion,
la Mission* , etc. Plus de trente propriétaires sur la ligne jusqu'à

Pessac seulement , sont disposés à user de toutes les voies adminis-
tratives et judiciaires pour s'opposer aux prétentions de la compagnie. — Le tracé du cahier des charges traverse des prairies in-
cultes , des terrains arides , des landes , des bruyères ; et les
mêmes propriétaires qui protestent contre la direction proposée
par M. de Vergès , s'empresseront de faire des concessions gra-
tuites de terrain pour l'exécution de la loi.

S'il est vrai que M. de Vergès traverse la plupart des chemins
d'une manière indépendante , nous n'embarrassons la circulation
sur aucun point ; bien plus , nous faisons jouir d'un moyen de
transport rapide et économique , certaines localités qui n'en ont
jamais eu d'aucune espèce jusqu'à ce jour.

Ainsi , le projet de M. de Vergès est réduit à sa juste valeur.

M. de Silguy , désirant donner plus de relief au tracé des concessionnaires , a demandé de prolonger l'arrivée du chemin de fer
jusqu'à l'intersection des cours d'Albret et d'Aquitaine. M. de Silguy a été la dupe des concessionnaires.

L'intersection des cours d'Albret et d'Aquitaine est dans une position très-heureuse comme tête de chemin de fer , et nécessite
moins de remblais au départ que la rue Le Coq : tel est l'argument de M. l'ingénieur en chef. A-t-il bien réfléchi aux conséquences désastreuses de cette nouvelle modification ? Nous ne le
pensons pas.

D'abord , les remblais au cours d'Albret seront , ainsi qu'à la
barrière de Pessac , de 6 m. 15 c. — Le point de départ à la rue
Le Coq est élevé de 5 m. 11 c. — La différence est donc à notre
avantage.

L'intersection des cours d'Albret et d'Aquitaine est un point
moins central que l'extrémité occidentale de la rue Le Coq , comme
on peut s'en convaincre par un coup-d'œil jeté sur la carte de
Bordeaux. — A l'extrémité de la rue Le Coq , les terrains de
Belleville occupent un emplacement de plus de 500 m. ; c'est un
lieu commode pour l'établissement d'une gare , des entrepôts et

des magasins. Là se construisent chaque jour, en vue du chemin de fer, de vastes usines, des fabriques, des ateliers de tout genre. — L'extrémité du cours d'Albret étant trop reculée sera toujours privée de l'activité industrielle et commerciale. Il faudrait, pour y faire les constructions indispensables à un point de départ, abattre des maisons particulières, le couvent des Laurettes, etc.; porter enfin la dévastation dans les environs du cours.

. M. l'adjoint du maire Hourquebie a soutenu, au sein de la dernière commission d'enquête, qu'*aucun intérêt public* ne se rattachait à l'établissement du point de départ à l'extrémité de la rue Le Coq, et qu'il convenait au contraire de le placer à l'intersection des cours d'Albret et d'Aquitaine. L'avis de M. Hourquebie a entraîné la majorité de la commission, qui, j'en suis sûr, n'avait aucune connaissance des localités.

M. Hourquebie, comme représentant de la commune, s'est grossièrement trompé.

L'enquête administrative, composée de neuf ou treize membres, avait à choisir, en 1836, plusieurs points de départ à Bordeaux. La rue du Coq fut préférée à *l'unanimité*, dans l'interêt de la commune, des voyageurs et des marchandises.

Le point de départ de la rue Le Coq, oblige la ligne du chemin de fer à traverser les marais de l'Archevêché. Des remblais considérables combleront ces marais infects, dont les miasmes délétères se répandent, pendant les fortes chaleurs, jusqu'au cœur de notre belle cité. — Ces travaux ne touchent-ils pas de près *l'intérêt public?*

Le point de départ de la rue Le Coq provoquera la création de plusieurs manufactures sur les terrains de Belleville, et procurera ainsi du travail à la classe ouvrière. — N'est-ce pas là un *intérêt public?*

Le point de départ de la rue Le Coq amènera la construction de maisons nouvelles sur ces emplacemens improductifs. Les locations augmenteront naturellement le revenu de la Commune. — N'est-ce pas là un *intérêt public?*

Le point de départ de la rue Le Coq, étant le plus rapproché du mouvement des affaires, procurera des avantages positifs aux voyageurs et aux marchandises. — N'est-ce pas là un *intérêt public ?*

Si le point de départ est au contraire fixé à l'intersection des cours d'Albret et d'Aquitaine, la distance comprise entre le point de départ et la barrière de Pessac sera le théâtre d'une destruction funeste. Les maisons démolies ne pourront être remplacées, puisque l'espace manque : voilà une perte certaine pour le trésor communal ; la circulation sera entravée sur le chemin de Pessac, dans les rues *Navarre*, *Saintonge* et *des Gants*, qui seraient traversées au niveau du sol ; ces rues seront désertées : voilà un préjudice notable pour la ville et pour les habitans paisibles du quartier.

Il est inutile de pousser plus loin la comparaison ; vous avez senti combien il importe, avant tout, de laisser le point de départ à la rue du Coq. Changer le point de départ, c'est changer la ligne du chemin de fer, et perdre ainsi les fruits de la sage délibération de l'enquête générale, qui a fait consacrer par une loi le résultat de ses études et de ses recherches : vous ne le souffrirez jamais.

Une erreur de 10 m. 69 c., dans les nivellemens de l'avant-projet, est un trop mauvais prétexte, aux yeux des gens de l'art, pour que vous vous y arrêtiez plus long-temps. Quel est donc le motif qui engage la compagnie concessionnaire à préférer une nouvelle direction à celle qui est indiquée par la loi ?

Messieurs, lors de la première enquête sur le plan de M. Godinet, l'un des concessionnaires actuels, M. Nathaniel Jonhston, écrivit un Mémoire dans lequel il s'efforçait de prouver qu'il valait mieux renoncer au chemin de fer qu'endommager son beau domaine d'*Artigues*. Le chemin de fer de La Teste lui semblait alors une entreprise chanceuse, qui ne tendrait qu'à déplacer les intérêts, et qui le chasserait, lui, de sa retraite, sans compensation pour la prospérité du pays. La *retraite* d'un jeune homme de trente-six ans, parut un peu ridicule à la commission d'enquête. Le chemin de fer fut proclamé *entreprise d'utilité générale*, et les observations de M. Jonhston furent écartées à l'unanimité.

M. Nathaniel Jonhston ne devint plus tard concessionnaire qu'avec l'assurance, dit-on, de faire changer la ligne du tracé. Comme si les propriétés de *Candau*, de *Talence*, du *Haut-Brion*, de la *Mission* ne valaient pas plus, séparées ou réunies, que le domaine d'*Artigues* !

Il est certain que la compagnie concessionnaire avait l'intention, même avant l'adjudication, d'abandonner entièrement le tracé général du cahier des charges. L'influence de M. Nathaniel Jonhston aura bien pu contribuer à faire prendre une pareille détermination; mais cela ne suffisait pas.

Toutes les actions ont été émises, dit-on, par la compagnie; ces actions sont en baisse, et qu'importe à la compagnie dont le bénéfice, s'élevant à deux millions, est clair et net! ce qui lui importe maintenant, c'est de construire le chemin de fer avec le moins de frais possible. Or, les remblais dans les marais de l'Archevêché exigeront peut-être une somme de six à sept cent mille francs. La tranchée au plateau, servant à racheter l'erreur de 10 m. 69 c. entraînera également des dépenses énormes. Sans doute les terrains à acquérir sur la première ligne sont d'un médiocre rapport, tandis que le tracé des concessionnaires coupe des propriétés importantes. Mais, la compagnie n'est forcée, dans aucun cas, à l'acquisition de la totalité des domaines atteints par les travaux. Les portions de terrain qu'elle achètera, ne coûteront jamais, bien que d'une qualité excellente, autant que les remblais dans les marais de l'Archevêché et la tranchée de 10 m. 69 c. au plateau. J'en appelle sur ce point à tous ceux qui ont étudié la construction des chemins de fer.

Veuillez toutefois vous souvenir, Messieurs, que la loi impose au concessionnaire l'obligation de traverser les marais de l'Archevêché, et que le desséchement de ces marais, dans l'enceinte de la ville, intéresse au plus haut degré l'hygiène publique et le bien-être de notre population. Quant à la tranchée de 10 m. 69 c., nous avons indiqué le moyen de l'éviter, en passant dans le vallon du Peugue.

Vous êtes si haut placés ; vous devez avoir dans le cœur un si vif sentiment de la justice et un si grand respect de la légalité, que vous ne consentirez pas à sacrifier l'intérêt public à une spéculation d'argent.

QUESTION DE LÉGALITÉ.

1.º Les concessionnaires affirment que leur tracé satisfait aux prescriptions de la loi.

Examinons :

« *Le point de départ, dit la compagnie, restera fixé, si l'administration l'exige, à l'extrémité occidentale de la rue du Coq ;* mais ce point de départ, ayant une hauteur de 70 pieds, ne servira ni aux voyageurs, ni aux marchandises. »

D'abord, je nie qu'une erreur de 10 mètres 69 cent. force la compagnie concessionnaire d'élever le point de départ à une hauteur si demesurée. J'ai trop de confiance dans les lumières du conseil général des ponts et chaussées pour supposer que cette assemblée respectable, qui connaissait la valeur réelle des plans primitifs, ait insisté pour l'adoption d'un projet absurde et inexécutable, car le cahier des charges a été dressé d'après ses indications et son vote mûrement réfléchi.

Puisque le point de départ de la rue Le Coq ne doit servir ni aux voyageurs, ni aux marchandises, selon les assertions de la compagnie, il est bien évident que l'extrémité occidentale de la rue Le Coq ne sera plus un lieu de chargement et de déchargement ; qu'une gare et des magasins n'y seront plus établis, en violation manifeste du cahier des charges. Donc cette rue ne sera plus effectivement le point de départ.

Et s'il en était ainsi, qu'on ne vienne pas soutenir que c'est la faute de la loi, et non celle des concessionnaires. L'administration supérieure, en rédigeant le cahier des charges, savait que l'entrepreneur élèverait, au départ de Bordeaux, de 8 m., c'est-à-dire de 24 pieds. Nous avons prouvé que, par une déviation légère de la première ligne, les remblais au départ seraient seulement de 5 m. 11 c., environ 15 pieds. — Par conséquent, l'élévation de 70 pieds est une invention purement mensongère.

Quand la loi a voulu que le point de départ fût placé à l'extrémité occidentale de la rue Le Coq, elle n'a pas entendu qu'il suffisait de conduire les rails à la rue du Coq pour rester dans la légalité. Elle a voulu certainement que ce point de départ fût accessible à tous, qu'il devînt l'entrepôt réel des marchandises et le lieu de stationnement des voyageurs et des marchandises qui useraient du chemin de fer. Prétendre le contraire, ce serait faire injure à la raison du législateur. Le point de départ doit être un point de départ et pas autre chose.

Comment se fait-il, d'ailleurs, que les concessionnaires aient annoncé, par la voie des journaux, qu'ils avaient été toujours dans l'intention de laisser le point de départ à la rue Le Coq, non pour obéir aux prescrits de la loi, mais *pour concilier les intérêts de la compagnie avec ceux de la population ?*

Or, que gagnera la compagnie, je vous le demande, que gagnera le public au point de départ de la rue Le Coq, si ce point de départ est une fiction, s'il n'est pas établi dans les règles voulues par le bon sens et par la loi ? Rien, absolument rien. — L'annonce des journaux n'était, en définitive, qu'une tromperie, une misérable tactique destinée à endormir la vigilance de la population bordelaise.

Eh bien ! si le point de départ de la rue Le Coq, élevé à une hauteur de 70 pieds, est *inservable*, l'esprit et le texte de la

7

loi du 17 Juillet 1837 sont violés : la loi ne peut pas avoir ordonné une chose impossible.

2.° Les concessionnaires espèrent, en arguant de l'erreur de 10 m. 69 c., et avec la protection spéciale de M. de Silguy, ingénieur en chef, faire porter *le point de départ à l'intersection des cours d'Albret et d'Aquitaine.*

L'article 2 du cahier des charges a dit : « *Le chemin de fer partira de l'extrémité occidentale de la rue Le Coq.* » — Ainsi, la loi est bien claire, bien précise, bien formelle : l'extrémité occidentale de la rue Le Coq deviendra le *point fixe*, le point géométrique d'où les machines locomotives seront lancées sur le chemin de fer de Bordeaux à La Teste. Le législateur a réglé d'une manière définitive, a déterminé avec précision cette tête de travaux dont la situation ne pourrait être changée que par une loi.

Il est inutile d'insister plus long-temps à ce sujet : si le point de départ est porté à l'intersection des cours d'Albret et d'Aquitaine, le texte et l'esprit de la loi du 17 Juillet 1837 sont violés.

3.° Le cahier des charges exige que le chemin de fer *traverse les marais de l'Archevêché.* — Les concessionnaires concluent de là que si leur tracé, aboutissant à la rue Le Coq, *pénètre* ces marais, il échappera à toute critique.

Mais, en vérité, il faut que la compagnie ait une triste idée de ses prétentions pour recourir à des subtilités si mesquines et si pauvres. Suis-je donc obligé, dans une cause aussi grave, d'aller chercher des argumens jusque dans le Dictionnaire de l'Académie. Qui ignore que *traverser* un fleuve c'est passer d'une rive à l'autre, *traverser* un marais, c'est passer d'un côté à l'autre, tandis que l'on peut *pénétrer* dans un lieu sans en sortir. Au reste, l'avant-projet qui a servi de base à la loi traverse les marais de l'Archevêché en ligne directe dans toute leur longueur ; le tracé des concessionnaires en découpe à peine quelques mètres, en se dirigeant vers la barrière de Pessac. Le texte et l'esprit de la loi du 17 Juillet 1837 sont encore violés sur ce point.

4.° D'après le cahier des charges, il faut que le chemin de fer passe *à droite de la Croix-d'Hins*. — Or, les concessionnaires ont prétendu qu'ils ne savaient pas si cette clause du cahier des charges serait ponctuellement exécutée. J'ai dit, moi, qu'ils devaient le savoir. — Il est bon de remarquer toutefois que les concessionnaires opèrent un déblai de 5 m., suivant leur tracé, au plateau des Landes. Pour arriver à droite de la Croix-d'Hins, ils sont obligés de passer au-dessus ou au-dessous de la route départementale, ce qui est impossible.

Le déblai au plateau n'est pas suffisant, aux termes rigoureux du cahier des charges, pour passer au-dessous de la route ; en effet, il faut établir déjà 4 m. 30 c. de distance entre les rails et la voûte ; plus, l'épaisseur comprise entre l'intrados et la route départementale. Nous n'avons pourtant que 5 m. de déblai. — Le déblai sera trop considérable pour que le chemin de fer passe au-dessus de la route, car il faut, entre la route et le pont qui supportera le chemin de fer, une hauteur de 5 m. au moins. Mais comme au lieu d'être au niveau du sol, le chemin de fer est en déblai de 5 m., c'est une différence de 10 mètres qui manque pour obtenir la hauteur voulue.

Sans doute l'administration a le droit de remédier à ces obstacles locaux, en permettant les croisemens de niveau pour la route départementale. Mais je ne crois pas la compagnie disposée à profiter, en pareil cas, de la tolérance de l'administration, et je ne vois pas pourquoi l'administration, qui peut apprécier toutes les difficultés de ces croisemens, ne s'éviterait pas le soin de les tolérer par une injonction formelle à la compagnie de suivre le tracé indiqué par la loi.

Nous pouvons augurer dors et déjà du silence prudent des concessionnaires et de la difficulté qu'ils éprouveront à traverser, au plateau des Landes, la route départementale que, leur tracé passera *à gauche* et non *à droite* de la Croix-d'Hins : le texte et l'esprit de la loi seront violés.

5.º Le chemin de fer doit, toujours aux termes de la loi, *arriver par un seul alignement au bourg de Biganos.* — Il est de notoriété publique que le tracé des concessionnaires aura plusieurs courbes de Bordeaux à Biganos, et qu'il *s'infléchit* d'une manière notable vers la barrière de Pessac. En jetant un coup d'œil sur les plans de M. de Vergès, on pourra vérifier notre assertion. — Encore une violation manifeste de l'esprit et du texte de la loi !

6.º Dans le délai de six mois au plus , à dater de l'homologation de l'adjudication , la compagnie , selon l'art. 3 du cahier des charges , devait soumettre à l'approbation de l'administration supérieure , rapporté sur un plan à l'échelle d e1 à 2,500, le tracé définitif du chemin de fer de Bordeaux à La Teste , d'après les indications de l'art. 2. — Il y a près d'un an que l'adjudication est homologuée , et les concessionnaires , loin d'avoir présenté un *tracé définitif* à l'approbation de l'administration supérieure , n'ont fourni que les plans parcellaires des propriétés de trois communes, et ont assuré que le reste du tracé étant encore à l'étude , ils ignoraient si ce tracé passerait *à droite* ou *à gauche* de la Croix-d'Hins. Ils ont bien allégué quelque part que la rectification de l'erreur de 10 m. 69 c. leur avait fait dépenser un temps considérable ; mais vous n'avez pas perdu de vue, Messieurs, que les divers concurrens savaient , avant l'adjudication , à quoi s'en tenir sur l'exactitude des nivellemens ; que M. de Vergès , concessionnaire actuel , faisait , avant l'adjudication , des études sur une direction autre que celle indiquée par la loi, et qu'enfin trois jours suffisent pour vérifier et rectifier une erreur de cette importance. — Sixième violation du texte et de l'esprit de la loi.

7.º Mais, répondent les concessionnaires, *en cours d'exécution,* d'après l'art. 3 que vous invoquez contre nous, la compagnie aura la faculté de proposer les modifications qu'elle pourrait juger utile d'introduire, sans pouvoir toutefois ni s'écarter du tracé général, ni excéder le *maximun* de la pente indiquée.

Oui, *en cours d'exécution*, c'est-à-dire quand les travaux sont commencés (ce qui n'est pas aujourd'hui), il se présente quelquefois des obstacles imprévus, et pour ne pas recourir sans cesse au législateur, il faut bien, de toute nécessité, laisser à l'administration le droit d'y pourvoir ; aussi le paragraphe final de l'art. 3 du cahier des charges lui confère-t-il expressément ce pouvoir. Les obstacles imprévus peuvent bien faire fléchir la ligne tracée, commander des déviations, et alors, que l'administration y survienne : elle tire son droit de la nécessité; mais comment une erreur de 10 m. 69 c. pourrait-elle motiver un changement de la ligne ? Est-il besoin d'élever le point de départ de 70 pieds, lorsque la loi le fixe à 24 pieds et qu'on peut même le laisser à 15 pieds ? Et le point de départ *légal* étant inutile à cause de sa hauteur demesurée, est-il permis de placer une gare, les entrepôts, les magasins, enfin tous les établissemens d'un point de départ, soit à la barrière de Pessac, soit à l'intersection des cours d'Albret et d'Aquitaine ?

Je me demande comment on a pu prendre pour une simple *modification* au tracé général, ce qui est un *anéantissement* complet de ce tracé.

Le point de départ réel des concessionnaires est éloigné de 900 m. au moins du point de départ de la rue Le Coq. Le tracé des concessionnaires ne fait construire que deux ou trois ponts sur Le Peugue, s'écarte du tracé général vis-à-vis Mérignac, de 12 à 1500 m., passe par Talence et Pessac, et laisse à droite la commune de Mérignac qui devait être traversée. N'est-ce pas là une violation de la loi du 17 Juillet 1837 ? — A cela, l'on pourra dire que le plan général n'était pas annexé à la loi. — Oui ; mais ce plan a été approuvé par l'administration supérieure ; ce plan a servi de base à toutes les opérations préliminaires ; il a accompagné le projet de loi à la Chambre ; c'est sur ce plan que la commission a formé son opinion et dressé son rapport ;

enfin, sur ce plan, dont l'exécution exige 11 ponts ou passerelles sur divers ruisseaux, le point de départ à Bordeaux était figuré à l'extrémité occidentale de la rue Le Coq, la ligne devait *traverser* les marais de l'Archevêché, passer à *droite* de la Croix-d'Hins, et arriver par *un seul alignement* au bourg de Biganos C'est là aussi l'indication du cahier des charges qui, lui, fait partie intégrante de la loi ?

Maintenant que les faits prouvent en notre faveur, il est essentiel de bien poser la question.

Il s'agit de savoir si lorsque l'établissement d'un chemin de fer a été autorisé par une loi, dans le cas prévu par l'art. 3 de celle du 7 Juillet 1833, le *changement* peut être ordonné, tel que la compagnie du chemin de la Teste le demande, soit par une décision ministérielle, soit par une loi.

Un point m'est acquis dans cette discussion, c'est que la compagnie avait pensé d'abord à changer la ligne; telle était sa prétention quand l'avant-projet a été soumis au conseil général des ponts et chaussées, quand les enquêtes ont eu lieu, quand la loi a été présentée, discutée, votée, quand les travaux ont été mis en adjudication.

Ainsi, l'erreur de 10 m. 69 c. n'est qu'un prétexte; le but, tout le monde l'a deviné.

Les Chambres ont été saisies de l'ensemble du projet; elles avaient apparemment à s'enquérir, avant tout, des deux points extrêmes, car c'est ce qu'il y a de plus important dans toutes les voies de communication. Eh bien ! le changement du point de départ correspond, dans l'espèce, au changement total de la ligne.

C'est donc une dérogation à la loi que l'on veut obtenir du ministre.

Cela étant, est-il vrai que l'administration en ait le droit ?

La loi ne doit donner que des règles générales, et l'application de ces règles à des cas particuliers n'est pas de son domaine.

Cette maxime est vraie en théorie, mais l'art. 3 de la loi du 7

Juillet 1833 y déroge formellement dans le cas actuel. Il exige, en termes irritans, l'intervention d'une loi spéciale, précédée d'une enquête administrative. C'est le système anglais introduit en France pour les grands travaux publics, et la compagnie elle-même s'est rangée sous cette législation spéciale, car c'est de la loi, et uniquement de la loi, qu'elle tient le droit qu'elle exerce.

Ainsi, ce n'est pas au pouvoir administratif seul qu'appartient la déclaration de l'utilité publique. Le pouvoir législatif a retenu pour lui-même la plus forte part de cette attribution, et le chemin de fer de Bordeaux à La Teste est classé précisément parmi les grands travaux qui ne peuvent être autorisés que par une loi.

Sous l'empire de la loi de 1810, l'administration, qui seule aurait eu le droit d'autoriser le chemin de fer dans son ensemble, aurait pu, à plus forte raison, en permettre le changement; mais cette loi a été remplacée par une autre législation qui réserve au pouvoir législatif la faculté de statuer sur les grands travaux publics; c'est ce pouvoir qui a prononcé sur l'*ensemble* du chemin de fer de Bordeaux à La Teste; donc, c'est ce pouvoir qui, seul, peut en permettre ou refuser le changement.

L'art. 3 de la loi de 1833 est embarrassant pour la compagnie, moins en raison de la précision de son texte, que parce qu'elle en a subi l'application et qu'elle en fait la règle de son entreprise.

On nous objectera que la nécessité d'une autorisation législative, pour tous les grands travaux publics, devrait être considérée comme une exception aux règles ordinaires de la compétence.

Au fond, cela importerait fort peu, car une *exception* n'en est pas moins une *règle*, quand elle a sa source dans la loi. Au reste, la compétence, en cette matière, ne tient pas à la nature des choses, ni au caractère des différens pouvoirs; elle est toute d'attribution. Le législateur avait cru, en 1810, qu'il convenait de *déléguer* à l'administration, sans distinction aucune, le pouvoir de déclarer l'utilité publique. En 1833, il a révoqué cette délégation en partie ; en cet état, où est la règle, où est l'exception ?

De ce que la loi seule peut autoriser l'exécution des grands travaux publics, il ne s'ensuit pas que tout ce qui se rattache à l'exécution de ces travaux doive être nécessairement réglé par la loi qui les autorise.

Non, sans doute, et personne ne s'est encore avisé, que je sache, de prétendre que l'on doive pousser jusqu'aux détails les plus exigus l'imitation des bills anglais.

Mais aussi l'on aurait de la peine à comprendre que la loi qui permet l'exécution d'un chemin de fer peut se dispenser de fixer les *points obligés*, comme les appelle M. Legrand : le départ, l'arrivée et quelques points intermédiaires, et c'est ce que n'a point omis de faire la loi du 17 Juillet 1837, relative au chemin de fer de Bordeaux à La Teste.

Il y a, je le reconnais, dans une région inférieure, c'est-à-dire dans les détails d'exécution, des choses en assez grand nombre qui ont été et dû être abandonnées au pouvoir administratif; et de ce nombre sont évidemment les modifications dans le tracé des travaux dont il est parlé dans l'art. II de la loi du 7 Juillet 1833.

Mais cela n'a absolument rien de commun avec la délimitatation générale du chemin, non plus qu'avec la constatation de l'utilité publique.

Ce qui le prouve, c'est que l'art. II, dont on chercherait à se prévaloir, fait partie du titre 2, lequel a pour rubrique : *des mesures d'administration relatives à l'expropriation.* Or, ces mesures succèdent à l'autorisation, et supposent que déjà tout a été réglé, quant à l'emplacement du chemin, et surtout en ce qui concerne les points de départ et d'arrivée.

En général, il n'est donc pas vrai de dire qu'en ce qui touche les territoires et les localités que le chemin doit occuper, la loi peut en faire la désignation ou la délaisser à l'administration.

Cela n'est vrai que pour les propriétés particulières, que pour de légères déviations, des convenances accidentelles.

Et cela est si peu vrai dans le cas présent, que l'article 2 du cahier des charges, après avoir fixé les deux aboutissans, détermine le tracé du chemin dans toute la ligne du parcours et n'abandonne absolument rien à l'administration.

Maintenant, si l'on veut faire fléchir cette disposition dans la première partie, par exemple, c'est-à-dire dans celle qui décide que le chemin partira de l'extrémité occidentale de la rue Le Coq, il faudra nécessairement admettre qu'il dépendra de l'administration d'affranchir la compagnie de l'obligation de *traverser* les marais de l'Archevéché et de construire onze ponts ou passerelles sur divers ruisseaux ; qu'elle pourra lui assigner une autre direction que celle qui est indiquée par la commune de Mérignac, la Croix-d'Hins et le bourg de Biganos.

Il faudrait en dire autant du *maximun* de la pente qui, d'après la loi, ne doit jamais dépasser trois millimètres par mètre.

Tout cela, en effet, est renfermé dans l'art. 2 du cahier des charges, dans les mêmes termes et par une seule locution : c'est là le chemin tel que la loi l'a voulu ; et si l'on fait plier cette volonté sur un point, il faut qu'elle soit toute aussi flexible sur les autres, c'est-à-dire que l'administration puisse créer un chemin en dehors de celui que la loi a autorisé.

C'est dans ces limites, et seulement dans ces limites qu'il y a eu déclaration de l'utilité publique.

Dira-t-on, en ce qui touche le point de départ, qu'il n'y a point de limite nécessaire et infranchissable ? — Il y a autre chose dans la loi ou dans le cahier des charges que la détermination du point de départ ; mais le point de départ, c'est à tout prendre l'extrémité d'une ligne ; et comme, après avoir dit que le chemin partirait de l'extrémité occidentale de la rue Le Coq, le cahier des charges ajoute immédiatement qu'il traversera les marais de l'Archevéché, il est de la dernière évidence que le point de départ

8

doit être à la rue du Coq , et dans la partie de cette rue qui est contiguë aux terrains de Belleville et aux marais de l'Archevêché : il y a donc là une précision géométrique. A moins de se référer à un signe tracé sur un plan, la loi ne pouvait s'exprimer avec plus de clarté : elle n'a donc rien laissé à faire à l'administration quant à l'assiette de ce point de départ ; elle a posé une véritable limite , et c'est à franchir cette limite , que la compagnie provoque l'administration.

Mais la limite une fois franchie ou déplacée, où s'arrêtera-t-on? Cette question ne laissera pas que d'embarrasser nos adversaires, et ils répondront qu'il ne reste plus alors qu'une certaine mesure qui, en écartant toute exagération, permettra néanmoins à l'administration de consulter les convenances du public et les nécessités de l'exécution.

Mais c'est sur les convenances du public et les nécessités de l'exécution que la loi a été rendue, et probablement le législateur n'a pas entendu que la décision , essentiellement limitative, fût soumise au contrôle de l'administration sur le point le plus important des désignations qu'elle contient.

De deux choses l'une : ou il y a un point précis déterminé par la loi pour l'assiette de la tête du chemin à Bordeaux , et dans ce cas la plus légère modification serait une offense à la loi.

Ou bien la loi s'est bornée, quant à ce, à de simples indications ; et alors il faut en dire autant de tout ce qui est compris dans l'article 2 du cahier des charges. Les remblais , les ponts, les territoires à traverser, la tête du chemin du côté de La Teste, tout cela n'aura été que généralement *indiqué* par la loi, et l'administration pourra bouleverser à son gré le tracé du chemin dans toute la ligne du parcours.

Je ne vois pas, pour mon compte, qu'il soit possible d'échapper à ce dilemme.

Ce qui donne plus de force à mon raisonnement, c'est que le changement du chemin emporte le droit d'exproprier des ter-

rains et des édifices que la loi a tacitement affranchis d'expropriation. Je ne suis pas tellement idolâtre du droit de propriété que
je veuille en faire un obstacle permanent au développement de
l'industrie nationale ; mais encore faut-il que le sacrifice de la
propriété ne puisse être exigé que suivant les formes consacrées
par le législateur.

Or, ce serait se faire un jeu de la démarcation tracée dans
l'art. 3 de la loi de 1833 que de permettre, dans la même entreprise, le concours successif ou simultané des deux pouvoirs : l'entreprise considérée en masse appartenait au pouvoir législatif, qui
seul pouvait l'autoriser ; l'administration ne peut désormais s'y
immiscer sous aucun prétexte.

Encore une dernière censidération :

L'adjudication qui constitue le contrat de concession n'a d'effet qu'autant quelle a été approuvée, suivant les travaux qui en
sont l'objet, ou par une loi, ou par une ordonnance royale. L'art.
3 de la loi du 7 Juillet 1833, sur l'expropriation pour cause d'utilité publique, détermine le cas où on doit avoir recours à l'une
ou à l'autre de ces autorités. — Dans l'éxamen de l'acte de concession, les Chambres ou le Roi, d'après la nature des travaux
qu'il s'agit d'exécuter, examinent si l'entreprise projetée doit réellement être utile au public; si la direction adoptée pour les travaux est celle qui concilie le mieux les intérêts des diverses locali-
lités intéressées à l'exécution.

Eh bien! dans l'espèce, le conseil général des ponts et chaussées, après avoir attentivement examiné l'avant-projet dans tout
ses détails, a émis un vœu favorable à l'exécution; l'administration
supérieure a dressé sur ce plan primitif un projet de loi et un
cahier des charges. L'un et l'autre, votés par les Chambres ont été
présentés à la signature du Roi ; l'adjudication des travaux a eu
lieu le 24 Octobre, en conseil de préfecture, devant le préfet
de la Gironde, assisté de M. l'ingénieur des ponts et chaussées;
elle a été reconnue régulière et par conséquent elle a été homo-

loguée, le 15 Décembre, par l'administration supérieure. — Il est bien évident alors que le contrat, passé entre l'état et l'adjudicataire, doit être rigoureusement exécuté dans toutes les clauses et conditions ou qu'il ne peut être rompu que par les pouvoirs qdi l'ont sanctionné.

Si j'ai insisté avec tant de force sur la question de compétence, ce n'est pas que je me défie de votre justice, Messieurs : c'est pour rendre à chacun ce qui est dû dans la sphère de ses attributions ; c'est surtout pour vous faire entrevoir les conséquences de l'adoption des *modifications* proposées par la compagnie concessionnaire du chemin de fer de La Teste.

Ces conséquences sont graves :

Il est hors de doute maintenant que le tracé des concessionnaires viole ouvertement la loi du 17 Juillet 1837. Les trois ou quatre voix qui composaient la majorité absolue de la dernière commission d'enquête, bien que favorables aux prétentions des concessionnaires, ont déclaré que ce nouveau tracé *s'écartait notablement des clauses du cahier des charges.*

Ainsi, en modifiant le tracé général dans le sens indiqué par MM. de Vergès et C.e, l'administration est obligée de recourir de nouveau au pouvoir législatif.

Appeler de nouveau l'intervention des Chambres dans cette question, réfléchissez y bien, Messieurs, c'est reconnaître *l'impossibilité* de l'exécution du premier projet ; c'est donc proclamer l'ignorance ou la légèreté du conseil général des ponts et chaussées, qui a donné une entière aprobation à ce projet ; c'est accuser l'administration supérieure qui l'a approuvé aussi, en rédigeant le cahier des charges et la loi ; c'est accuser les Chambres qui ont étourdiment voté un projet absurde ; c'est accuser le Roi, oui, le Roi qui l'a sanctionnée !

Appeler de nouveau l'intervention des Chambres, c'est, dans dans tous les cas, c'est résilier l'adjudication. — La prochaine session législative ne s'ouvrira que le 15 ou le 18 Décembre prochain. Il y aura un an, au 15 Décembre, que l'adjudication du chemin de fer de La Teste a été homologuée. Quand même M. le ministre présenterait un projet de loi d'urgence, il ne serait pas voté avant deux mois. Or, l'article 31 du cahier des charges porte : *Si dans le délai d'une année, à partir de l'homologation de l'adjudication, la compagnie ne s'est pas mise en mesure de commencer les travaux, et si elle ne les a pas effectivement commencés, elle sera déchue de plein droit de la concession du chemin de fer par ce seul fait.* — Les travaux ne sont pas commencés, car l'administration n'a pas encore approuvé le tracé définitif, et la compagnie se livre à des études sur une partie de la ligne.

D'un autre côté, la loi présentée aux Chambres serait une dérogation manifeste à celle du 17 Juillet 1837, et le cahier des charges se trouverait changé sur cinq ou six points. Or, l'article 32 du cahier des charges porte : *Faute par la compagnie d'avoir rempli les diverses obligations qui lui sont imposées par le présent cahier des charges, elle encourra la déchéance.*

Dans ces circonstances, Messieurs, votre ligne de conduite est toute tracée. Vous tiendrez à honneur de prouver que, dans l'affaire du chemin de fer de La Teste, le conseil général des ponts et chaussées, le pouvoir législatif et vous-mêmes, vous avez dignement rempli votre devoir ; qu'aux conditions voulues par la loi du 17 Juillet 1837, le tracé primitif est possible, très-possible ; que les réclamations des concessionnaires sont injurieuses pour le gouvernement. Vous ne laisserez pas aux Chambres le soin de faire justice des accusations d'incapacité ou de malveillance dirigées contre vous. Il vous appartient de prendre l'initiative dans l'intérêt du pouvoir que vous représentez, et dans l'intérêt public, qui attend, depuis tant d'années, l'exécution du chemin de fer de La Teste.

Si, comme je n'en doute pas, vous éprouvez le besoin d'assurer à une loi récente le respect qui lui est dû, et d'écarter l'arbitraire d'une matière où il ne pourrait s'exercer qu'au préjudice des droits les plus sacrés , il faut nécessairement que la compagnie abdique une prétention contraire à ses offres, à son titre, à l'esprit comme à la lettre de la législation générale et spéciale.

Messieurs, ma tâche est finie, et la vôtre va commencer.

La question qui s'agite entre nous et le concessionnaire du chemin de fer de La Teste, n'est pas une lutte d'intérêt privé à intérêt privé : c'est une question nationale. Au moment où des compagnies exploitent les grands travaux publics, en France, il importe de savoir si la propriété sera dépouillée de toute espèce de garantie contre les prétentions de quelques spéculateurs ; si le système des adjudications ne sera pas défendu, malgré la publicité et la concurrence, contre les envahissemens du monopole; si les lois , les engagemens les plus sacrés seront impunément violés par des hommes d'argent.

Les spéculateurs s'inquiètent peu du mérite d'une entreprise qu'ils sont d'ailleurs incapables d'apprécier. Avant de s'y livrer, ils ne demandent pas de quelle utilité elle sera pour le pays en général, ou même pour telle localité en particulier. Ils s'occupent de battre monnaie avec les actions qu'ils jettent sur la place , et voilà tout.

Mais vous, Messieurs, vous ne sauriez vous associer, par une complaisance honteuse, aux actes de ces tripoteurs d'affaires. Sans doute, il faut protéger l'industrie , l'aider dans son développement et dans ses progrès ; mais il faut, avant tout, faire respecter les lois; protéger, avec un égale sollicitude , tous les citoyens , tous les intérêts , tous les élémens de la richesse publique.

Soyez bienveillans pour les industriels qui se contentent d'un honnête lucre, qui agissent avec bonne foi et supportent loyalement les charges qu'ils ont acceptées ; mais repoussez toute solidarité avec ces dominateurs immaculés de la Bourse, qui prétendent faire plier l'opinion et l'intérêt général devant leur cupidiou leur ambition personnelle.

Dans la compagnie du chemin de fer de La Teste, il y a, je je sais, des négocians qui se sont contentés de fournir leurs capitaux, et qui restent étrangers aux intrigues que je vous signale. Les meneurs, à qui nous faisons tête, ont joué un grand rôle dans l'affaire du pont de Cubzac ; on les a vus, après une adjudication, où les concurrens se pressaient en foule, demander des *modifications* au cahier des charges, et déclarer hautement *l'impossibilité* de l'entreprise qu'ils devaient exécuter à leurs risques et périls. A cette époque, les intérêts bordelais se trouvèrent heureusement d'accord avec ceux du concessionnaire. La loi qui autorisait la construction d'un pont à Cubzac, fut rapportée par un autre acte du pouvoir législatif ; la ville de Bordeaux obtint un abaissement de quelques mètres au tablier du pont ; le concessionnaire économisa une somme considérable.

Armés de ce précédent, MM. de Vergès et Comp.ᵉ viennent réclamer des *modifications* à un second cahier des charges. Pour un misérable bénéfice de quelques écus, ils veulent changer complètement la ligne d'un chemin de fer ; jeter la perturbation au milieu d'intérêts qui peuvent, avec juste raison, invoquer des droits acquis. Cette fois, Messieurs, ils n'osent solliciter l'intervention des Chambres. Leur masque est percé à jour ; leur spéculation n'est plus affublée du masque de la popularité ; les hommes les plus crédules ont ouvert les yeux.

MM. de Vergès et Comp.ᵉ comptent sur vous, Messieurs ; N'est-ce pas une injure grave à votre caractère et à vos principes?

Un cri d'alarme a été poussé d'un bout de la France à l'autre. Une bande d'aventuriers industriels a frappé de discrédit le principe d'association et les grands travaux entrepris par des ompagnies particulières. Ici, on se dispose à solliciter du gouvernement des priviléges nouveaux ou des subventions du Trésor ; là , on parle de provoquer une liquidation.

Mais les choses ne peuvent se passer ainsi.

Les traités entre l'état et les compagnies sont des actes plus sérieux encore , par leur solennité et par leur importance , que les conventions entre particuliers ; ils ne peuvent être rompus au gré des accidens ou du caprice des concessionnaires. Quand l'état a concédé l'exécution d'un chemin de fer à une compagnie par voie d'adjudication , il doit veiller à ce que les travaux soient exécutés conformément au cahier des charges. Que si , trompés dans leurs calculs , les capitalistes croient devoir renoncer à des entreprises qu'ils ont obtenues , ou si , excités par une insatiable cupidité , ils mendient des conditions meilleures , il est naturel , il est utile pour le pays qu'ils encourent une déchéance , et que la direction des travaux soit confiée à des mains plus sûres et plus capables.

Nous sommes en présence de gens qui gagnent des millions sur un coup de dé , et dont le talent consiste à exploiter habilement les idées et les projets des autres ; nous propriétaires, chargés d'impôts, qui fecondons de nos sueurs notre étroit domaine ; nous, commerçans qui nourrissons nos familles par un labeur pénible et continu ; nous , artistes, industriels, avocats , qui gagnons notre salaire par de longues veilles et de fortes études.

C'est entre ces gens et nous que vous allez prononcer !

Il vous appartient, Messieurs, de réhabiliter l'industrie , en la rappelant au véritable sentiment de ses devoirs , en lui prouvant que les entreprises des travaux publics ne sont pas un jeu, un foyer d'agiotage, en la forçant à tenir des engagemens contractés à la face d'une nation. Votre décision au sujet du chemin de fer de LaTeste exercera influence salutaire sur les esprits; telle apprendra aux uns que le gouvernement réprouve leurs manœuvres frauduleuses, aux autres qu'il protège les lois et l'intérêt général contre les attaques de l'intérêt privé, à tous qu'il écoute religieusement la voix de la justice.

Prononcez donc, Messieurs, avec équité, et en même temps avec fermeté. On verra encore ici ce qui se voit toujours : la raison publique ratifiera ce qui sera bien, et vous aurez acquis des droits à la reconnaissance du pays !

Alex. DUCOURNEAU,

Avocat à la Cour Royale de Bordeaux.

ONT ADHÉRÉ AU MÉMOIRE :

Messieurs :

J. H. Eugène LARRIEU, *propriétaire du château de Haut-Brion.*
CHIAPELLA, *propriétaire de la Mission.*
V.° RENET, *propriétaire de Cholet.*
BAHANS, *propriétaire de Candau.*
DE GRAMONT, *propriétaire du Chai-Neuf.*
DE LÉOTARD,
E. RABA,
MAGONTY,
J. LEMONNIER,
DENEY,   *propriétaires sur la ligne du tracé*
PATIN,   *présenté par le concessionnaire.*
V.' GIRAUDEAU,
TAUZIN,

CLAVERIE PÈRE, CLAVERIE FILS, LAROQUE FILS ET FRÈRES, JACQUEMET, LACAZE, *industriels, propriétaires, chefs de fabrique et ses cinq cents signataires de la protestation, tous habitans de Bordeaux.*